湾区城市群空间低碳协同规划理论与方法

覃盟琳　朱梓铭　著

中国建筑工业出版社

图书在版编目（CIP）数据

湾区城市群空间低碳协同规划理论与方法 / 覃盟琳，朱梓铭著. —北京：中国建筑工业出版社，2022.12
ISBN 978-7-112-27961-6

Ⅰ.①湾… Ⅱ.①覃… ②朱… Ⅲ.①北部湾—城市群—城市规划—节能—研究 Ⅳ.① TU984.26 ② TK01

中国版本图书馆 CIP 数据核字（2022）第 174360 号

湾区城市群是沿海地区城镇化高级阶段的重要空间形态和类型，因拥有陆海两类空间而碳汇潜力巨大，是影响整个地球碳循环的重要区域和核心动力源，其低碳协同发展是应对全球气候变化的重要途径之一。在碳中和、碳达峰战略目标背景下，湾区城市群低碳协同发展成为时代热点课题，相关基础研究工作的开展迫在眉睫。

本书以北部湾城市群这一典型湾区城市群为研究对象，通过对其不同发育期碳排碳汇用地空间演变动力与规律的研究，深入探讨影响城市群国土空间碳循环的因子与作用机理，定量化分析了城市群发展对碳汇能力和碳库容量变化的影响过程，探讨社会、经济、生态建设等作用方式对碳排碳汇空间格局的影响，试图揭示国土空间碳储量变化背后的驱动力。在此基础上，探索性提出湾区城市群低碳协同规划设计的总体路径与基本内容，并对湾区城市群实现未来“双碳”目标的规划策略进行了展望。

责任编辑：王　磊　张　杭
责任校对：姜小莲

湾区城市群空间低碳协同规划理论与方法
覃盟琳　朱梓铭　著
*
中国建筑工业出版社出版、发行（北京海淀三里河路 9 号）
各地新华书店、建筑书店经销
北京建筑工业印刷厂制版
北京建筑工业印刷厂印刷
*
开本：787 毫米×1092 毫米　1/16　印张：10½　字数：203 千字
2022 年 9 月第一版　　2022 年 9 月第一次印刷
定价：**65.00** 元
ISBN 978-7-112-27961-6
（39825）

序

2020年，在第七十五届联合国大会上中国向世界做出庄严承诺："中国二氧化碳排放力争于2030年前达到峰值，努力争取2060年前实现碳中和。""双碳"目标正式成为国家发展战略目标，跟上了世界的大潮。中国仍是一个发展中的大国，努力同时实现中高速经济增长和"双碳"目标，是长远稳定高效发展的重要标准。

快速工业化过程曾是以资源严重耗费、环境严重污染以及依靠劳动密集型产业为基础换来的，以科技创新为策源动力的智能城镇化是未来中国城镇化发展的必然的转变和选择。

早在2002年，我与原建设部副部长仇保兴先生策划了中国的绿色建筑大会，即国际智能与绿色建筑技术研讨会。"首届国际智能与绿色建筑技术研讨会"暨"首届国际智能与绿色建筑技术与产品展览会"于2005年3月在北京举办，至今已经成功举办了十八届，旨在促进和加强国际智能与绿色领域相关设计理念、成功范例、专业技术、行业标准、政策措施、应用经验及产品与设备信息方面的交流与合作，提高我国智能与绿色技术的研发与应用水平，推动我国城市向智能舒适、节能生态、绿色环保方向发展。

在过去的20年里，我们团队一直跟踪世界范围内各城市绿色低碳前沿动态。近10年来又挖掘汇集了全球198个国家和地区自1960年起的社会经济及碳排数据，引入机器学习算法，探寻各国碳达峰路径与城镇化发展路径之间的关系，发现碳达峰与城镇化成熟期在时间上高度重合，不同国家实现碳达峰时的城镇化率均值为74%左右。中国的碳达峰路径不是一条两点之间的简单直线，而是需经过精准选择的，符合中国特色的、地方特点的、永续发展之必然要求的曲线。

2022年，我们遴选了设立"碳中和""净零"和"气候中和"这三类目标的69个国家和地区的700个城市，基于城市"碳天平"理论模型，结合城市的经济效益与社会效益，进行城市碳中和建设水平的综合评价，并向全球发布《全球城市碳商报告》（*City CQ Report 2022*）。

在国家"双碳"目标实践的关键期，城市规划的同行专家、学者、践行者在共同努力。很高兴看到覃盟琳博士与朱梓铭的《湾区城市群空间低碳协同规划理论与方法》新书，对中国湾区城市群高质量与可持续发展做出了重要探索。覃盟琳博士是我 2006 年面试招进来的研究生，当时希望他主攻生态低碳城市研究方向，并在未来更好地服务绿水青山的家乡，经过近十几年的学习探索，取得阶段性初步成果，值得欣慰！

时至今日，城市已经不满足于单体的发展，越来越趋向群体的发展，在此背景下，“城镇群”这一区域空间组织形式应运而生。当今，城镇群的影响地域不断扩大，城市间的互动联系不断密切，城市的主体趋向多元，城市区域空间系统趋向复杂。城镇群这种新的城市组织形式以城市之间密切的经济联系为基础，以城市间的社会文化关系为纽带，正在成为我国城市化进程的主体。而湾区城市群因拥有陆海两类空间，碳汇潜力巨大，同时也是地球的重要碳库，是影响地球碳循环的核心区域，其低碳发展是应对全球气候变化的重要途径之一。

《湾区城市群空间低碳协同规划理论与方法》一书以湾区城市群为研究对象，紧跟时代发展需要，锁定“低碳发展”当下这一热点，在空间模拟与数据分析方面采用了大量的分析软件与数学模型，并创新性构建了与其相适应的相关概念与研究思路，探明了国土空间碳汇能力变化内在规律和碳汇空间规划设计方法，探索国家实现“双碳”目标的研究新领域。此书是一本具有创新观点和扎实科研基础的学术专著，我也相信并期待覃盟琳博士会有更多的创新研究成果出版。

中国工程院院士
德国工程科学院院士
瑞典皇家工程科学院院士
2022 年 9 月，于上海

前　言

工业化时代的开启带来城市快速发展，但追求经济增长带来了资源的过度消耗，引发一系列的重大环境问题，全球气候变暖便是其中之一。工业革命开始之前的1750年，大气中二氧化碳含量大约为280ppm，工业革命之后的1995年已经达到358ppm。而世界气象组织2020年11月发布的最新研究显示，全球二氧化碳浓度水平在2019年出现大幅增长，平均水平达到了410.5ppm。根据IPCC第五次评估报告（AR5）第一工作组（WGI）报告，预计2016—2035年全球平均地表温度将升高0.3～0.7℃，2081—2100年将升高0.3～4.8℃。全球气候变暖会引发自然环境的异常，带来气候带移动、海平面上升、极端气候频发、生物多样性受到威胁等问题，进而影响到经济、社会和人类健康。全球气候变化给人类的可持续发展带来严峻挑战，全人类共同努力应对气候变化刻不容缓。

为了应对以气温升高为主要特征的全球气候变化，自20世纪80年代末以来，人类开始了大规模干预二氧化碳排放的进程。1988年联合国环境规划署和世界气象组织联合成立了“联合国政府间气候变化专门委员会”（IPCC）。1992年5月，联合国大会上通过了《联合国气候变化框架公约》（UNFCCC），目前加入该公约的缔约国共有近200个。在此基础上，各国签署生效了一系列具有一定法律约束力的国际协议，如1997年制定，并于2005年2月生效的《京都议定书》。

作为人类命运共同体倡议国，中国在绿色低碳发展方面承担着更大的责任与使命。2015年6月30日，中国向联合国气候变化框架公约秘书处提交了应对气候变化国家自主贡献文件《强化应对气候变化行动——中国国家自主贡献》。2020年9月22日，第七十五届联合国大会一般性辩论上我国首次提出碳达峰和碳中和的具体时间。中国的承诺很快转变为国家的治理行动。党的十九届五中全会把碳达峰、碳中和作为“十四五”规划和2035年远景目标。2021年10月，中共中央与国务院相继出台《关于完整准确全面贯彻新发展理念做好碳达峰碳中和工作的意见》和《2030年前碳达峰行动方案》两个重要文件。“双碳”目标被纳入生态文明建设整体布局的背景下，自上而下与自下而上相结合的区域碳达峰、碳中和路径评价理论和方法体系研究，多尺度碳排碳汇空间格局演替模型体系研究，以及典型碳中和先行示范区和试点城市规划设计研究等理论性与实践性研究将被提上日程。

湾区城市群是影响整个地球碳循环的核心区域和人与自然矛盾冲突最激烈的区域之一，其绿色低碳发展是应对全球气候变化的重要途径。同时，城市群是中国未来城镇化发展的核心形式。湾区城市群生态空间丰富多样，海陆交错形成的河口三角洲、红树林湿地和半岛等都是非常重要的地球碳库，其生态空间的保护与利用成为我国战略研究热点，特别是成为我国实现“双碳”目标的重要内容之一。

但同时，湾区城市群相比其他区域聚集了更大规模和更密集的人口，进行着更为频繁和大型的人类活动，加之湾区城市群拥有特殊的海陆交汇地理空间，其生态系统的复杂多样性与承受到的冲击是其他区域难以比拟的。通过近十年的观测，我们的研究显示湾区城市群正面临着包括高温胁迫、极端降水、内陆和海岸洪水、滑坡、空气污染、干旱、水资源短缺、海平面上升和风暴潮等来自大自然的风险，也面临着包括自然海岸线收缩、水质型缺水、生态用地挤压等直接由人类活动造成的影响。

2017 年，国务院批复了《北部湾城市群发展规划》，明确提出“以共建共保洁净海湾为前提，以打造面向东盟开放高地为重点，以构建环境友好型产业体系为基础，发展成为美丽宜居的蓝色海湾城市群”，标志着北部湾城市群上升为国家层面发展战略需要和经济增长新一极。2022 年，国务院发布《关于北部湾城市群建设“十四五”实施方案的批复》，北部湾城市群进入快速发展建设阶段。作为全国典型的新兴湾区城市群，在低碳导向下研究其空间协同发展理论与技术具有重要意义。本书以北部湾城市群的研究为具体参照，归纳总结与开拓湾区城市群低碳发展之道，仅当抛砖引玉，希望能对全国不同类型湾区城市群的研究与发展有所参考与借鉴。

目 录

第一章

乘风破浪——澎湃的湾区城市群时代

由于拥有陆海两类空间，自然资源更加富饶，旅游景观更加迷人，城市功能更加丰富，因而湾区城市群成为时代发展热区。特别是随着城镇化发展进入高级阶段，以及人类文明的高等级发展，人类对城市生活提出更高品质的要求，湾区城市群成为世界范围内最具竞争力与吸引力的地方。

第一节　湾区城市群发展

一、湾区与湾区城市群

（一）湾区

湾区，是滨海带特有的一种空间，是由一个海湾或相连的若干个海湾、港湾、邻近岛屿共同组成的区域。一般来说湾区以向陆地凹陷的姿态向海域延伸，海陆交错形成的河口三角洲、红树林湿地和半岛等构成其独特的生态空间与景观资源。

（二）湾区城市群

湾区城市群是湾区与城市群的有机集合，是海陆交汇、气候宜人、景观资源丰富的城市群类型，是湾区城市发展到成熟阶段的组织形式。在经济社会方面，湾区城市群具有汇聚生产要素、加速生产力流动、平衡资源分配等特点，是经济全球化时代参与竞争的基本单元，是经济发展的增长极。在发展特征方面，湾区城市群是我国未来经济发展的核心载体与动力源，聚集着全国大约 1/4 的人口规模和过半的经济体量。由此可见，由于全球化进程的发展，人口、资源等生产要素都向着更加开放与高效的湾区和城市群聚集，湾区与城市群的强势结合成为时代潮流。在世界排名前 50 位的特大城市中，港口城市就占了 90%；全球 60% 的经济集中在入海口这一带，75% 的大城市和人口集中在距海岸线 100km 的海岸地带。因此湾区城市群已成为全球最具活力和潜力的区域。

同时，湾区城市群是影响整个地球碳循环的核心区域和人与自然矛盾冲突最激烈的区域之一（Kimberly A，2008），其绿色低碳发展是应对全球气候变化的重要有效途径。同时，城市群是中国未来城镇化的核心形式（陆大道，2015；顾朝林，2015；姚士谋，2018），其低碳发展关系中国可持续发展（方创琳，2018，2019；刘曙光，2020）。湾区城市群生态空间丰富多样，海陆交错形成的河口三角洲、红树林湿地和半岛等都是非常重要的地球碳库，其生态空间的保护与利用成为我国战略研究热点（Smith H D，2012；文超祥，2019；范恒山，2017；宋长青，2018；孙军，2020），特别是成为我国应对“双碳”目标的重要议题。

二、全球湾区城市群发展现状

公认的世界级湾区城市群有纽约湾区、旧金山湾区、东京湾区和粤港澳大湾区共 4 个，伦敦港湾区、悉尼湾区、杭州湾区、渤海湾区、北部湾区、墨尔本湾区、泰国湾区、孟加拉湾区、波斯湾区等是较为有名的湾区。另外，著名湾区还包括一些拥有一线海景资源和优质人文氛围的地区，例如洛杉矶比弗利山庄、纽约长岛、东京东京湾、悉尼双水湾、中国香港浅水湾、新西兰霍克湾、马来西亚 Burau 湾以及布里斯班 Noosa 湾等，这些湾区由于核心区较小，缺乏城市聚集，部分湾区被包含在更高一级湾区城市群内，一般难以称为湾区城市群。

总结起来，名副其实的湾区城市群有纽约湾区城市群、旧金山湾区城市群、东京湾区城市群和粤港澳大湾区城市群。纽约湾区面积约为 2.15 万 km^2；旧金山湾区面积约为 1.79 万 km^2；东京湾区面积约为 3.69 万 km^2；粤港澳大湾区面积约为 5.6 万 km^2。纽约湾区人口约为 2020 万人；旧金山湾区人口约为 777 万人；东京湾区人口约为 4400 万人；粤港澳大湾区人口约为 7112 万人。从截至 2018 年四大湾区的地区生产总值（GDP）来看，纽约湾区约为 1.66 万亿美元；旧金山湾区约为 0.78 万亿美元；东京湾区达到 1.77 万亿美元；粤港澳大湾区约有 1.64 万亿美元，东京湾区城市群经济规模体量最大。近年来，粤港澳大湾区总体经济增速依然在7%以上，预计2022年可超越东京湾区，成为全球经济总量最大的湾区。

三、世界级湾区城市群发展经验

回顾世界城市发展史，能够引领世界发展的城市群大都集中在湾区附近，世界上最著名的湾区莫过于纽约湾区、旧金山湾区、东京湾区，三大湾区凭借着开放的产业结构、高效的交通网络、活跃的经济活力形成了独特的湾区经济效应，吸引着全球经济、科技、人才向此聚集，辐射带动着周边区域，成为世界经济社会发展的重要区域。

（一）纽约湾区：从贸易港到国际金融中心

纽约大都市圈由纽约州、康涅狄格州、新泽西州等的 31 个县联合组成。纽约湾区本身具有良好的深水航运条件，其地理位置也能便利地连接欧洲，因此形成了贸易大港；同时通过独立的统一规划的组织，如 MPO 等，在一定程度上破解了跨州规划建设的障碍；借助《纽约及其周边地区的区域规划》等 4 次规划，以多方联合、部署基建的方式促成了以纽约为中心，辐射带动周边中小城市发展的区域化格局，保证中心城区人口和经济可持续发展，确立了国际金融中心的地位。

（二）旧金山湾区：从黄金乡到世界科技谷

旧金山湾区最主要的城市包括旧金山半岛上的旧金山（San Francisco），东部的奥克兰（Oakland），以及南部的圣荷西（San Jose）等。旧金山以其丰富的黄金矿产资源，吸引了大批淘金客，引起移民热潮，进而带动了当地交通和矿产相关行业的发展，因此金融产业也开始萌芽；随着湾区高速公路网的形成，湾区各大城市的商业贸易更为便利，金融机构市场开始细分并进入快速发展时期；斯坦福大学为硅谷输送了大量的技术和管理人才，企业也为大学提供了足够的资金支持，产学研一体化促进了硅谷的崛起，也将旧金山湾区带向了科技创新的新道路。

（三）东京湾区：从物流港口到工业制造业中心

东京湾位于日本本州岛中部太平洋海岸，拥有横滨港、东京港、千叶港、川崎港、横须贺港和木更津港等港口。东京湾区的发展始于江户时代，随着日本政治中心从关西地区移向关东地区，江户（东京旧称）依靠良好的深水港条件成为日本的经济中心；明治维新后，日本进行改革开放，引入大量的西方先进工业，如纺织业、机械加工业和炼钢产业，现代产业发展由此开始；“二战”结束后，日本加快推进城市化进程，制定了“经济中心”发展战略，大力发展制造业和对外贸易，进一步推动湾区发展，同时，又因东京集金融、总部、研发等功能于一体，与工业形成了良好的联动，也使得东京湾区成为集中了钢铁、有色冶金、炼油、石化、机械、电子、汽车、造船、现代物流等产业的全球最大的工业地带和综合性湾区。

从梳理世界三大湾区城市群的发展脉络可以发现，资源与人口等生产要素的聚集是城市经济社会发展的基础，湾区以其独特的资源和航运交通优势，是聚集力的天然核心；而城市群是城市化进程的必经之路，是聚集力的重要载体。因此，从湾区与城市的有机结合，到发展成为湾区城市群，可以归纳为五个阶段：独特资源自发阶段、强核高聚合力阶段、中心辐射扩散阶段、多中心分工协作阶段、全球化分工协作阶段。

第二节　中国湾区城市群发展

一、中国湾区的发展

我国的海岸线总长约 3.2 万 km，其中大陆海岸线约 1.8 万 km，长度位居世界第五。现有面积大于 10km^2 的海湾 150 多个，海湾岸线长度约占大陆岸线总长度的 57%，不同大小的海湾有 1467 个，海湾数量也名列世界前茅。面积较大的海湾由北至南分别有辽东湾、渤海湾、莱州湾、海州湾、杭州湾和北部湾；除此之外较为出名的还有香港的维多利亚湾、海南省的三亚湾、山东半岛的莱州湾等。在我国所有海湾中，北部湾以近 13 万 km^2 的面积成为我国最大的海湾，发展潜力巨大。

在湾区发展方面，我国与国外相比起步稍晚。国外湾区的建设始于 20 世纪 60 年代，而我国正式提出要建设湾区大概在 20 世纪末。因此，相比国际一流的湾区，我国湾区的发展还有较大的提升空间。

二、中国典型湾区城市群的发展

我国最受瞩目的湾区城市群当属粤港澳大湾区，其总面积 5.6 万 km^2，2021 年末人口为 8669 万人，经济总量约 12.6 万亿元，以全国占比不到 6% 的人口和占比不到全国 0.6% 的国土面积创造了全国约 12% 的 GDP。粤港澳大湾区城市群包括环绕珠江口分布的广州、佛山、肇庆、深圳、东莞、惠州、珠海、中山、江门 9 个内地城市，以及香港、澳门两个特别行政区。

粤港澳大湾区城市群的前身是珠江三角洲城市群。1980 年，我国成立了深圳、珠海两个经济特区，依托“亚洲四小龙”之一的香港，发展外源型经济，打开了与国际经济体交流的大门；20 世纪 90 年代后，陆续出台了珠三角城镇群规划，以区域联动应对新时期的一系列挑战，并正式成立了“珠三角经济区”；随着经济区的不断发展，其辐射范围渐渐扩大并向南向东延伸，逐渐形成了连绵的沿海城市群，使得珠三角城市群开始有了湾区城市群的形态。21 世纪以来，文化上同宗同源的粤港澳三区有着共同建设世界一流经济中心的愿望，结合 20 世纪 80 年代提出的“香港湾区”的设想，尝试性提出了“粤港澳大湾区”概念，这一概念与国家“一带一路”建设思想高度吻合。因此，这一概念于 2016 年被写入国家“十三五”规划，湾区自此走上了建设成为世界级湾区城市群的快速发展之路（表 1-1）。

湾区发展历程及相关规划与政策文本表　　表 1-1

规划与政策文本	主要内容	历程
2003 年《内地与香港关于建立更紧密经贸关系的安排》（CEPA）	内地与香港、澳门之间的贸易和投资合作，促进双方的共同发展	内地与香港、澳门第一个全面实施的自由贸易协议
2005 年《珠江三角洲城镇群协调发展规划（2004—2020）》	将环珠江口地区作为区域核心，实施经济发展与环境保护并重的策略，努力建成珠江三角洲重要的新兴产业基地、专业化服务中心和环境优美的新型社区	正式提出“湾区”概念
2008 年《珠江三角洲地区改革发展规划纲要（2008—2020）》	将“珠三角”9 市与香港、澳门的紧密合作纳入规划，目标是到 2020 年形成粤港澳三地分工合作、优势互补、全球最具核心竞争力的大都市圈之一	粤港澳地区合作发展的国家政策开始出台
2009 年《环珠江口湾区宜居区域建设重点行动计划》	“宜居湾区”是建设大珠三角宜居区域的核心和突破口	将“湾区”作为粤港澳合作重点区域
2014 年深圳市《政府工作报告》	重点打造湾区产业集群，构建“湾区经济”	地方政府工作报告中首次提出“发展湾区经济”
2015 年《推动共建丝绸之路经济带和 21 世纪海上丝绸之路的愿景与行动》	充分发挥深圳前海、广州南沙、珠海横琴、福建平潭等开放合作区作用，深化与港澳台合作，打造粤港澳大湾区	第一次明确提出“粤港澳大湾区”
2016 年国家“十三五”规划纲要	支持香港、澳门在泛“珠三角”区域合作中发挥重要作用，推动粤港澳大湾区和跨省区重大合作平台建设	深化“粤港澳大湾区”平台建设
2016 年 3 月《国务院关于深化泛珠三角区域合作的指导意见》（国发〔2016〕18 号）	构建以粤港澳大湾区为龙头，以珠江—西江经济带为腹地，带动中南、西南地区发展，辐射东南亚、南亚的重要经济支撑带	专门章节陈述“打造粤港澳大湾区”
2016 年 11 月广东省“十三五”规划纲要	建设世界级城市群、推进粤港澳跨境基础设施对接，加强粤港澳科技创新合作	地方开始谋划“粤港澳大湾区”建设
2017 年全国“两会”《政府工作报告》	研究制定粤港澳大湾区城市群发展规划	“粤港澳大湾区”被纳入顶层设计

资料来源：张日新，谷卓桐．粤港澳大湾区的来龙去脉与下一步［J］．改革，2017（05）：64-73.

（一）粤港澳大湾区的宏观政策观察

1. 珠江三角洲（以下简称“珠三角”或“珠三角地区”）区域研究规划

第一阶段，1989 年《珠江三角洲城镇体系规划（1991—2010 年）》出台。1989 年当时的广东省建设委员会出台了《珠江三角洲城镇体系规划（1991—2010 年）》，提出重点建设广州、佛山、深圳、珠海等城镇群，以期通过区域性的大中小城镇群的联动应对珠三角快速城镇化带来的挑战。这是“珠三角”历史上第一个针对城镇化的区域性空间规划，珠三角城镇群规划的历史由此开启。

第二阶段，1994年《珠江三角洲经济区城市群规划》出台。1994年，广东省正式设立“珠三角经济区”。为了解决城乡边界模糊、城市发展无序蔓延等问题，编制了《珠江三角洲经济区城市群规划》。规划按照城乡一体化和可持续发展的理念，划分了“都会区、市镇密集区、开敞区、生态敏感区”四大主体功能区，并提出“三大都市区”的空间组织模式，提出要紧密关联“珠三角”与香港、澳门地区，将“香港＋深圳”作为珠三角地区的又一个发展极核。这是我国首次将空间管控思想引入区域规划，也是国内第一个城市群规划。

第三阶段，2004年《珠江三角洲城镇群协调发展规划（2004—2020年）》出台。2004年，当时的建设部、广东省联手共同组织编制的《珠江三角洲城镇群协调发展规划（2004—2020年）》，旨在“抓住机遇期，加快发展、率先发展、协调发展，全面提升区域整体竞争力，进一步优化人居环境，建设世界制造业基地，走向世界级城镇群”。规划提出了“一脊三带五轴”的城镇体系结构和“双核多心多层次”中心等级体系，以强化珠三角地区的核心竞争力；提出了“九类四级管控”，将区域内生态环境、城镇、产业与重大基础设施地区划分为9类政策区，不同分区实施不同的空间管治，实施不同的引导和控制要求；提出了“八项重大行动计划”，其中“发展湾区计划”首次提出“湾区”概念，强调要聚集新兴产业和高端服务业，强化区域的“脊梁”；并为落实规划，将区域规划法定化，广东省政府于2006年7月颁布《广东省珠江三角洲城镇群协调发展规划实施条例》，以从制度上明确空间管制要求。

第四阶段，2008年《珠江三角洲地区改革发展规划纲要（2008—2020年）》出台。2008年恰逢改革开放30周年，国家从长远战略角度出发，为促进珠三角地区增创新优势颁布了《珠江三角洲地区改革发展规划纲要（2008—2020年）》。在国际金融危机不断蔓延的影响下，珠三角地区的发展受到强烈冲击，规划提出要加快粤港澳三地经济融合，提高国际竞争力和抵御国际风险的能力，打造具有全球核心竞争力的大都市圈。为了促进“珠三角”与港澳之间“分工合作、优势互补”、协同发展，规划提出要促进区域协调发展，发挥中心城市的辐射带动作用，推进珠江三角洲地区区域经济一体化，形成资源要素优化配置、地区优势充分发挥的协调发展新格局；按照城乡规划一体化、产业布局一体化、基础设施建设一体化、公共服务一体化的总体要求，率先形成城乡一体化发展新格局。

2. 粤港澳三地联合区域发展研究和行动计划

第一阶段，2006年《大珠江三角洲城镇群协调发展规划研究》出台。2003年，粤港合作联席会议第六次会议确立了粤港合作的新思路，并明确要将大珠三角打造成为世界上最繁荣、最具活力的经济中心之一。在2004年举行的第七次联席会议上，成立了“粤港城市规划及发展专责小组”，同意开展“大珠江三角洲城镇群协调发展规划研究”，于2006年粤港澳三地政府首次联合颁布《大珠江三角洲城镇群协调发展规划研究》。

研究是在“一国两制”的框架中，以前瞻性的视野考虑和分析大珠三角的发展方向，藉此制订城市与区域的发展策略；通过协调资源开发利用、环境保护与城镇及交通的发展，促进区域环境改善，提高人居环境质量，确保大珠三角的可持续发展；更有效利用三地资源，促进生产要素顺畅流动和三地的分工协作、功能互补，通过拓展泛珠三角的发展腹地，提高大珠三角整体的国际竞争力，建设充满生机、活力的世界级城镇群。研究成果主要亮点包括：突出重大空间要素的区域协调、重点关注跨界地区的合作机遇、致力推动合作共赢的区域发展。

第二阶段，2010年《环珠江口宜居湾区建设重点行动计划》（以下简称《行动计划》）出台。《行动计划》是粤港澳三方政府于2009年完成的《大珠江三角洲城镇群协调发展规划研究》的其中一项跟进工作。规划围绕三地共同关注的宜居诉求，确立了资源环境、公共空间、民生保障、交通出行、生产就业、社会创新六大宜居区域关键要素，提出十大宜居专项行动和七大跨界宜居建设示范地区，建立了“问题—目标—策略—布局—行动—措施”的区域行动规划框架。《行动计划》的实施标志着粤港澳三地的协同空间发展从“策略性规划协调研究”走向“面向实施的行动计划”。

3. 粤港澳大湾区城市群的国家规划

2015年3月，“一带一路”倡议首次明确提出“粤港澳大湾区”概念。2016年，“粤港澳大湾区”被写入国家“十三五”规划、《国务院关于深化泛珠三角区域合作的指导意见》国发〔2016〕18号、广东省“十三五”规划等，要求建设世界级城市群。2017年，“粤港澳大湾区”首次被写入国务院政府工作报告。2017年7月1日，正值香港回归20周年，国家发展和改革委员会牵头粤港澳三地政府签署《深化粤港澳合作推进大湾区建设框架协议》明确提出打造国际一流湾区和世界级城市群。2019年2月，国务院出台《粤港澳大湾区发展规划纲要》，要求建设富有活力和国际竞争力的一流湾区和世界级城市群，打造高质量发展的典范。

（二）与世界一流湾区城市群的比较

截至2021年底，与世界一流湾区相比，粤港澳大湾区具有三面环海的优越海岸线条件；在规模上，以5.6万km^2的面积和8669万人的常住人口远超其他三大湾区，发展潜力巨大；在经济体量上，粤港澳大湾区超过旧金山和纽约湾区，与东京湾区相近。但在主导全球资源配置、引领全球技术创新和带动全球产业升级方面，以及在第三产业比重和人均 GDP 方面，尚难以与三大湾区抗衡，也可以认为是转型升级存在巨大空间。

第三节　湾区城市群绿色低碳发展问题

湾区城市群作为世界经济体系的极核，相比其他区域聚集了更多的人口，进行着更为频繁、密集的人类活动，加之湾区城市群拥有的特殊海陆交汇地理空间，其生态系统的复杂性与多样性是其他区域难以比拟的。湾区城市群绿色低碳发展内涵是多方面的，不仅包括自然生态系统，还包含经济、社会系统的内容，影响要素之多，范围之广泛也是空前的。湾区面临着包括高温胁迫、风暴和极端降水、内陆和海岸洪水、滑坡、干旱、水资源短缺、海平面上升和风暴潮等来自大自然的风险，也面临着包括自然海岸线收缩、水质型缺水、生态用地挤压和环境污染等由人类活动造成的影响。

一、温室效应加剧，湾区稳定受到冲击

根据 IPCC 第五次报告，1880—2012 年期间地表温度升高了 0.85℃；自 1750 年以来，温室气体二氧化碳（CO_2）、甲烷（CH_4）和氧化亚氮（N_2O）的浓度也大幅增加（分别为 40%、150% 和 20%），全球几乎所有地区都经历着地表增暖，温室效应加剧。而聚集更多人口的湾区在发展生产时大多使用了过量的化石燃料，导致高碳排放，因此湾区的温室效应较其他区域更严重，臭氧超标现象更突出，空气质量下降更显著，区域环境污染处于高位状态。

全球温室效应对于湾区的另一个直接影响是海平面的上升。在 1901—2010 年期间，全球平均海平面上升了 0.19m，19 世纪中叶以来的海平面上升速率比过去两千年来的平均速率都要高。而高强度的碳排放带来的影响远不仅是全球气温的增高。人类活动的碳排放有 40% 保留在大气中，其余的储存在自然碳循环库中，海洋约吸收了 30% 的人类活动碳排放，这造成了海洋的酸化。已有研究表明以蒸发为主的高盐度海区的表水变得更咸，而以降水为主的低盐度海区的表水变得更淡。这些现象都证明海洋生态系统的平衡正在被打乱。

二、自然岸线逐年减少，滨海湿地逐渐退化

如果说全球气候变暖是人类活动作为一个影响因子干预了生态系统的健康循环，从而反噬给了人类，那湾区还存在着由于人类活动而造成的直接影响。最明显的是由于湾区城市群人口高度聚集和活跃的经济活动，以及向海岸带扩张与发展，使得湾区自然海岸线大幅较少。同时，为了缓解建设用地的紧缺，城市除

了大力开发生态海岸线之外，还进行填海造地工程。以粤港澳大湾区为例，湾区红树林、滩涂和盐沼等滨海湿地面积在近三十年有明显的变动，其中红树林面积在 20 世纪 90 年代大幅减少，21 世纪后才得到有效控制。

三、生态系统透支严重，生态功能难以维持

受到城市大规模开发和人类高强度活动的影响，造成生态系统被过度索取、严重透支，导致城市化进程越高的地方其生态系统越单一，生物多样性下降，其生态系统被结构性破坏，生态系统调节服务功能不断降低，严重影响生态系统的稳定性和自我修复能力。湾区城市群的城镇化率极高，全球三大湾区的城镇化率均超过 85%，其中东京湾区和旧金山湾区甚至达到 94% 和 96%。城镇化率高的湾区城市群生态系统都有不同程度的退化，海平面上升和填海造地等自然灾害与人类行为又进一步削弱了生态系统的本底条件，整体来看湾区的生态自我修复能力无法应对社会经济高速发展带来的生态破坏。特别强调的是，全球平均表面温度保持稳定并不意味着气候系统各方面的稳定，生物群落、土壤碳、冰盖、海洋温度等方面的变化及相关的海平面上升均有其内在的时间尺度，有些将持续数百年到数千年的变化，而且可以确定的是，海平面上升的趋势将持续多个世纪，上升幅度取决于未来的碳排放，这对于临海的湾区来说是至关重要的。

四、城镇用地扩张失序，碳库破坏与碳流失严重

湾区城市群开发强度较为强烈，是生态环境问题高度集中激化的敏感地区，湾区城市群作为海陆综合统筹的特殊地带，其生态空间构成复杂、具有强大且十分关键的固碳能力，对海陆系统间碳交流起到十分重要的作用，构成了全球重要的碳库与碳库网络系统。由于滨海旅游与景观资源丰富，政府与社会力量热衷于大力开发建设滨海地带，湾区城市群大量湿地和草地被转化为建设用地和耕地，具有高碳汇能力的地块大面积流失，特别是地球重要碳库与碳库网络系统被严重破坏。

五、区域联动能力弱，跨区域保护体系尚未形成

湾区城市群一般跨越好几个行政区域，因此湾区生态系统保护深受行政地域阻隔的影响，如何落实统一的保护与开发步伐是湾区城市群面临的一大挑战。例如，根据国家关于“双碳”目标要求，少数发达省份或城市很早就成立了碳控智囊团和政策。但在更大层面的湾区城市群还未形成相应智库和政策。因此，造成湾区城市群中的某一城市在制定产业规划时，未认识到“双碳”目标对经济发

展的巨大影响，导致规划实施过程中出现很多困难，甚至出现背道而驰的现象。同时，湾区横向生态补偿机制局限于少数区域，其他受益地区与保护生态地区之间、重要流域下游与上游之间尚未建立生态保护补偿关系，跨区域保护体系与能力的建设任重道远。

第二章

砥砺前行——奋进的北部湾城市群

碳排用地和碳汇用地时空演变能够反映城市群空间绿色低碳发展的具体现状与变量，而碳储格局与景观格局构成了城市群空间绿色低碳发展模式与水平程度的基础。本章详细研究了近几十年北部湾城市群碳排用地和碳汇用地的变化情况以及碳储量的时空演变特征，并通过景观格局指数分析方法定量描述了北部湾城市群的景观变化情况，总结了北部湾城市群空间绿色低碳发展现状和问题。

第一节　北部湾城市群及其空间数据

北部湾城市群跨广西、广东、海南三省（自治区），城市群内大小城市共有15个，主要城市中隶属广西的城市包括：南宁市、北海市、钦州市、防城港市、玉林市和崇左市，共6个城市；隶属广东的城市包括：湛江市、茂名市和阳江市；隶属于海南的城市包括：海口市、儋州市、东方市、澄迈县、临高县、昌江县。其中，南宁市是北部湾城市群的核心，海口与湛江为北部湾城市群的中心城市（表2-1）。

北部湾城市群概况表（2020年数据）　　表2-1

省份（自治区）	城市	地理位置	陆地面积与常住人口	气候与地形
广西	南宁市	广西南部偏西	9947km^2 874.1584万人	亚热带季风气候；中心呈盆地形态
	北海市	广西南端，北部湾东北岸	1227km^2 185.3227万人	亚热带海洋性季风气候；地势从北向南倾斜
	钦州市	广西南部，南海之滨	4839km^2 330.2238万人	亚洲东南部季风区；主要属丘陵地貌
	防城港市	中国内地海岸线的最西南端	2836km^2 104.6068万人	南亚热带湿热季风气候区；地势西北高东南低

续表

省份（自治区）	城市	地理位置	陆地面积与常住人口	气候与地形
广西	玉林市	广西东南部地区	1265km^2 579.6766 万人	亚热带季风气候；地形以丘陵为主
	崇左市	广西西南部	2918km^2 208.8692 万人	亚热带季风气候区；地势大致呈西北及西南略高，向东倾斜
广东	湛江市	位于中国内地最南端雷州半岛	13262.83km^2 698.1236 万人	热带和亚热带季风气候；地势平缓，以台阶地为主
	茂名市	广东省西南部	11427.63km^2 617.4050 万人	热带亚热带季风温和气候；地势由东北向西南降低
	阳江市	广东省西南沿海，扼粤西要冲	7955.88km^2 260.2959 万人	热带气候；地势由北向南倾斜
海南	海口市	海南岛北部，北濒琼州海峡	2290km^2 287.3358 万人	热带季风气候；地势平缓
	儋州市	海南西北部，濒临北部湾	3399km^2 95.4259 万人	热带湿润季风气候；地势由东南向西北倾斜
	东方市	海南省西南部	2273km^2 44.4458 万人	热带季风海洋性气候区；地势东高西低
	澄迈县	海南岛中北部	2076km^2 49.7953 万人	热带季风气候区；地势南高北低
	临高县	海南岛西北部	1343km^2 42.0594 万人	热带季风气候区；琼北台地，地势平缓
	昌江县	海南岛西部	1621km^2 23.2124 万人	热带季风气候区；地势为东南高西北低

北部湾城市群的研究用地数据为地理空间数据云平台提供，选用 Landsat 系列卫星遥感数据。时间节点选取随研究目的而定，例如用地演变选取 1990 年、1995 年、2000 年、2005 年、2010 年、2015 年、2020 年的数据，碳储量研究或安全格局研究则选取 2000 年、2010 年、2020 年。由于秋冬季处于收割季节，地表特征较为明显，用地分类也相对准确，故选取每年的秋冬季节的卫星片进行用地分类解译。另外，涉及碳浓度数据的分析使用日本 GOSAT 卫星数据，该卫星于 2009 年发射，于 2015 年停止服务，因此，能获取 2009—2015 年间的全球碳浓度数据，部分 2020 年的用地数据与碳浓度数据的时间节点不对应，故不予分析。

空间数据具体解译流程如下：① 根据研究范围，选取覆盖范围的条带号，在网站下载对应的高质量的卫星片；② 在 Idrisi 软件里面进行辐射定标、大气校正等预处理，减少误差；③ 进行监督分类，划分为碳排用地（建设用地）、碳汇用地（林地、灌木、草地、水域和未利用地）两大类六小类；④ 目视判读，将分类结果与遥感地物进行对比修正，确保用地分类的准确性；⑤ 根据研究范围将解译图片裁切，得到整个北部湾城市群的用地解译分类图；⑥ 数据统计分析，用 ArcGIS 等软件进行用地面积的统计以及转化分析。

第二节 碳排用地发展特征

一、碳排用地整体发展特征

1990 年，北部湾城市群行政范围总面积约为 117874km^2，其中碳排用地有 1096km^2，碳汇用地 116678km^2，两者之比约为 1∶105。到 1995 年，碳排用地 1590km^2，碳汇用地 111228km^2，两者之比约为 1∶73。到 2000 年，碳排用地 2451m^2，碳汇用地有 115424km^2，两者之比约为 1∶47。到 2005 年，碳排用地有 3028km^2，碳汇用地有 111037km^2，两者之比约为 1∶25。到 2010 年碳排用地有 3342km^2，碳汇用地有 114643km^2，两者之比约为 1∶34。到 2015 年，碳排用地有 5184km^2，碳汇用地有 112690km^2，两者之比约为 1∶22。到 2020 年，碳排用地有 7153km^2，碳汇用地有 85756km^2，两者之比约为 1∶12。总体而言，从面积上看，北部湾城市群碳排用地在 1990—2005 年间增加了近 2000km^2，而 2010—2020 年，其碳排用地面积呈上升加速趋势，增加了近 4000km^2，增长过程有明显的增速变化。各类碳汇用地间各时间段存在不定量的转换。水域面积在平稳维持中略有下降。林地面积基本保持了稳定平衡。草地和灌木用地的波动较大，可能与各年份气候差异有关。未利用的裸地在各时间段的面积变化起伏较大，侧面反映了各时间段碳汇用地向碳排用地转化的活力存在差异。

北部湾城市群碳排用地面积扩张是非常明显的，但从碳排用地空间布局的角度来看，在城市群尺度下几个碳排用地密集区显得非常突出，分别是广西南宁盆地、海南南渡江出海口、广西玉林盆地和钦北防沿海地区。这 4 个碳排用地密集区又分别代表了内陆城市和沿海城市碳排用地扩张模式。在城市尺度上，北部湾内陆地区碳排用地向四周指状扩张，沿海城市碳排用地增长主要在滨海地带。

北部湾城市群遥感解译数据选取的 11 个城市，从行政等级上进行了筛选，11 个城市都是地级市，是中国的第二级地方行政区，具有相同的行政管辖标准和规划政策执行水平。从地理位置的分布上做到均衡，自然空间上涵盖了完全内陆的城市，以南宁、玉林、崇左为代表；沿海城市，以海口、湛江、北海、防城港、阳江为代表；城区内陆有海港的城市，以钦州、茂名、儋州为代表。表 2-2 与表 2-3 分别为北部湾城市群内 11 个城市 1990—2015 年间碳排用地（城市建设用地）面积及变化数据。

1990—2015 年 11 个城市建设用地面积表（单位：km^2）　　表 2-2

城市 \ 年份（年）	1990	1995	2000	2005	2010	2015
南宁	128.81	142.04	166.15	196.35	240.35	371.60
湛江	60.22	81.48	107.23	121.48	153.07	226.67
海口	29.68	50.48	82.66	153.40	204.14	279.13
北海	10.16	21.22	30.20	43.72	59.75	87.51
崇左	13.06	15.93	20.60	27.23	35.73	41.03
儋州	20.16	36.32	41.09	52.91	67.41	76.96
防城港	23.77	38.43	49.46	67.98	84.87	129.50
钦州	25.79	43.74	70.86	104.27	132.87	178.64
茂名	37.13	41.68	46.86	52.79	62.38	81.22
玉林	33.78	71.91	94.80	123.95	175.13	201.84
阳江	36.17	68.15	93.17	119.87	139.62	160.68

1990—2015 年 11 个城市建设用地增长情况表　　表 2-3

城市	1990—1995		1995—2000		2000—2005		2005—2010		2010—2015		总计	
	增量（km^2）	增速（%）	增量（km^2）	增速（%）	增量（km^2）	增速（%）	增量（km^2）	增速（%）	增量（km^2）	增速（%）	增量（km^2）	增速（%）
南宁	13.23	10.27	24.11	16.97	30.20	18.18	44.00	22.41	131.25	54.61	242.79	188.49
湛江	21.26	35.30	25.75	31.60	14.25	13.29	31.59	26.00	73.60	48.08	166.45	276.40
海口	20.80	70.08	32.18	63.75	70.74	85.58	50.74	33.08	74.99	36.73	249.45	840.46
北海	11.06	108.86	8.98	42.32	13.52	44.77	16.03	36.67	27.76	46.46	77.35	761.32
崇左	2.87	21.98	4.67	29.32	6.63	32.18	8.50	31.22	5.30	14.83	27.97	214.17
儋州	16.16	80.16	4.77	13.13	11.82	28.77	14.50	27.41	9.55	14.17	56.8	281.75
防城港	14.66	61.67	11.03	28.70	18.52	37.44	16.89	24.85	44.63	52.59	105.73	444.80
钦州	17.95	69.59	27.12	62.01	33.41	47.16	28.60	27.43	45.77	34.45	152.85	592.69
茂名	4.55	12.25	5.18	12.43	5.93	12.65	9.59	18.17	18.84	30.20	44.09	118.74
玉林	38.13	112.88	22.89	31.83	29.15	30.75	51.18	41.29	26.71	15.25	168.06	497.51
阳江	31.98	88.42	25.02	36.71	26.70	28.66	19.75	16.48	21.06	15.08	124.51	344.24

二、碳排用地演替与发展

（一）整体碳排用地演替特征

对北部湾城市群1990—2015年间的碳排用地扩张情况进行分析，对整体宏观的空间演替情况和中观各个地级市的空间演替情况的全面掌握后，总结出宏观的碳排用地空间演替规律和中观各个地级市的碳排用地空间演替有以下几点现象：① 崇左市1990—2005年建设用地扩张情况不明显，2005年后快速向南扩张；② 防城港市25年来着重开发港口区，向北发展防城区的意愿不大，扩张缓慢；③ 儋州市、茂名市、钦州市主城区2000年后建设用地扩张速率减慢，建设用地扩张重心向沿海港口转移；④ 玉林市1990—2010年间碳排用地增长面积相对稳定，2010—2015年间增长明显放缓；⑤ 南宁市、海口市、湛江市到2015年在碳排用地总量和扩张增长率上出现极化效应；⑥ 阳江市在1995—2010年间的城市主要扩张方向以沿高速公路向东为主，2010—2015年，转向西南方向的阳江港扩张；⑦ 2005—2010年间，北部湾城市群11个地级市碳排用地增长率不约而同地降低，主要代表是海口市；⑧ 到2010年，以南宁为龙头的“南宁—钦州—防城港—北海—湛江”一带，碳排用地发展规模明显领先其他区域，北部湾城市群第一条城市带雏形初现；⑨ 到2015年，以湛江为龙头的“湛江—茂名—阳江”一带，碳排用地扩张率同样呈现相对其他地区更显著的活力，有北部湾城市群第二条城市带的潜力（图2-1）。

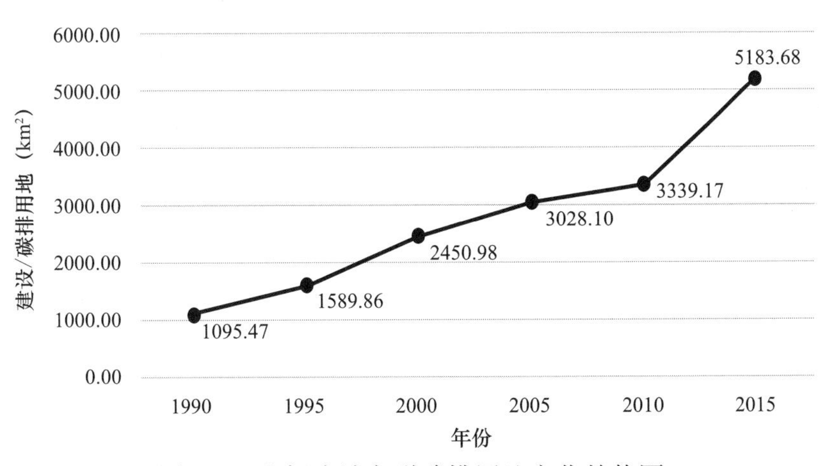

图2-1　北部湾城市群碳排用地变化趋势图

（二）各等级城市空间扩张演替特征

其一，通过前期对各等级城市主城区范围内的建设用地变化情况进行分析，发现6个城市的建设用地生长模式各有不同，影响因素也有差异。其中，中心城市南宁与海口2000—2015年间，主城区建设用地规模出现大幅增长，并在2010—2015年出现大面积的新区开发，城市跨度大幅上涨。其中南宁市以环状圈层外扩的方式贯穿整个研究时段，由于交通路网的开发与完善，伴随着“向东进广州、向南贴海域”的方向延伸，城市发展重心整体南移。而海口市则自始至终延续了沿海发展的主要基调，2000—2015年间绝大多数的土地开发来自近海地段。两座城市都为明显的圈层扩张，南宁以环状圈层扩张为主，海口以半圈层沿海扩张为主。身为中心城市，随时间的推移两座城市主城区整体布局呈复杂化，带有明显的圈层分布，整体结构多核化发展，不再以单一方向扩张，呈多级发展的方向性扩张。

节点城市北海与茂名在2000—2015年间则表现了不一致的发展节奏，早在研究初期茂名市的整体发展与北海市相比较为成熟。北海市在2000年还处于尚未发展的萌芽阶段，茂名市隶属广东省获得机遇较大已经步入发展。所以在开发力度方面，茂名市在1990—2015年间比北海市的开发强度要低许多，北海市在2005年之后开发强度逐渐加大，城市主城区规模增长速度也相继加快。由于地形限制，北海市的主城区整体形态演替伴随着明显的地域性，2015年衍生为紧贴沿海边缘的三角城市形态，使得城市不得不向后方腹地发展。茂名市主城区整体演变则带有明显的方向性，城市发展方向出现东西双向与南向侧重，其中由于辖区范围划分制，在一定程度上限制了东向的扩张。节点城市北海与茂名整体城市形态相比中心城市要单一，发展规模也远不及中心城市，节点城市发展同样出现多核重心，但城市结构仍然以单层次布局为主。

一般城镇北流市与临高县主城区建设用地整体发展也较为显著，两个城市都以边缘外扩为主要扩张模式，其中北流市在研究时段内伴随大量飞地式的土地开发，城市开发节奏相比临高较为跳跃，没有固定的规律。临高县主城区的发展基调也在研究时段内呈明显的无限向海靠拢的趋势。城区扩张整体靠海向北移动。北流与临高在研究时段内主城区结构为单核单层次布局，两者主城区以边缘扩张为主要模式，城区内部还存在较大的提升空间。特别是北流市整体以围合布局，在内部有较大面积非建设用地的前提下城市整体发展仍呈指状延伸（表2-4）。

其二，扩张驱动力方面，是多元和多层次的。城市发展的驱动力是多元化的，不同等级城市和地理环境中的城市受到的驱动力影响也不同。众多学者已经在文献中针对建设用地的扩张模式进行了研究，并总结了大量的驱动力影响因素。本书结合文献中相关驱动力影响因素，针对北部湾城市群内不同等级城市的建设用地变化情况，简要提取与总结影响北部湾城市群建设用地发展的影响因子和驱动力。

各等级城市主城区演替特征归纳表　　表 2-4

城市等级	城市	四个时间段城市主城区形态演替情况	城市主城区扩张特征
中心城市	南宁	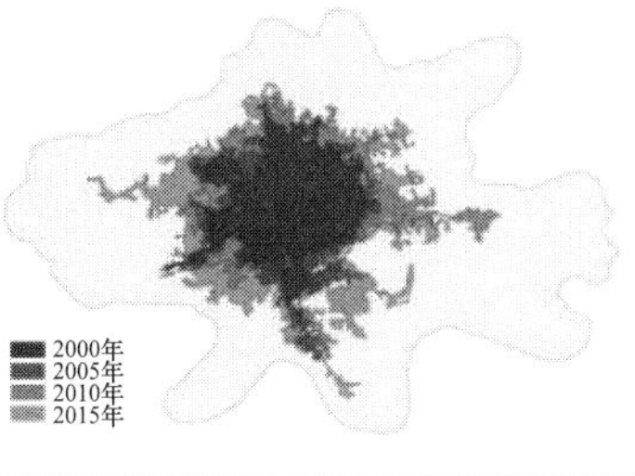 2000年 2005年 2010年 2015年	南宁市主城区建设用地四个时间段的变化情况为圈层递增发展，整体呈环形放射状，局部伴有指状延伸，指状延伸大多为依托公路走向，建设用地主要扩张方向为向东西南三个方向延伸，其中东南方向延伸较多。扩张模式主要为边缘式增长，先指状延伸再向四周扩散，以此增大建设用地面积
	海口	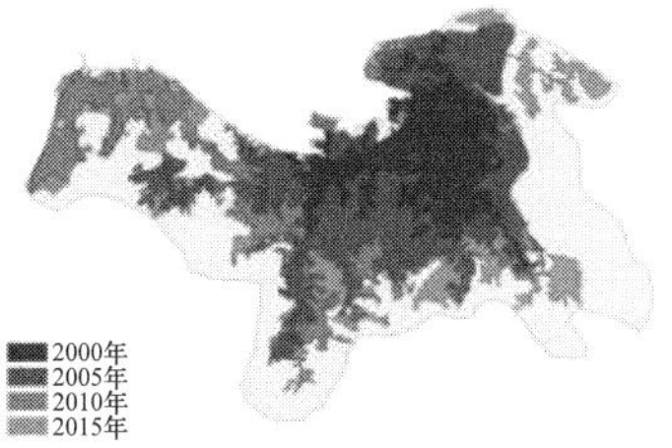 2000年 2005年 2010年 2015年	海口主城区前期主要沿海分布，研究时段内主城区整体形态呈现递进蔓延形态，在2010年之前城市扩张的主要方向为西南方及北部沿海区域，当沿海区域用地开发饱和后，后期呈现明显往西面沿海区域扩张，呈带状发展趋势
节点城市	茂名	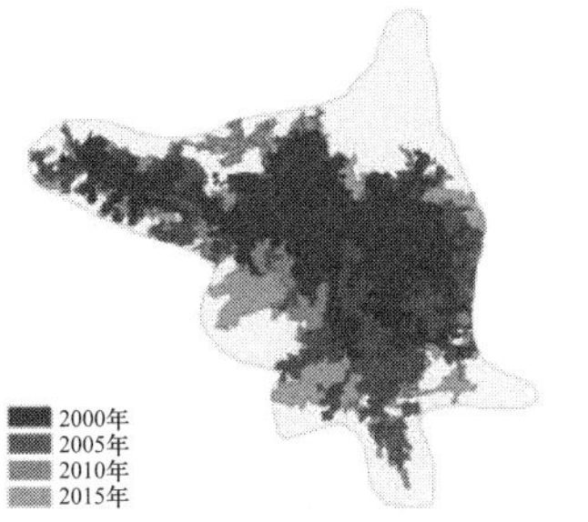 2000年 2005年 2010年 2015年	茂名市主城区大致呈圈层组团式扩张模式，伴随西北向指状延伸，同时主城区建设用地整体南移。城市扩张带有明显的指向性
	北海	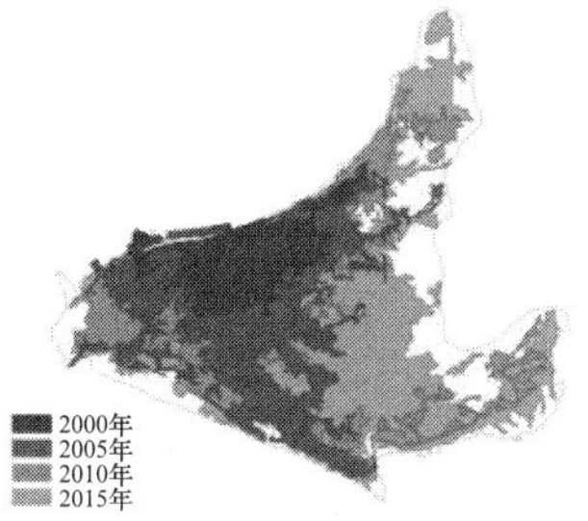 2000年 2005年 2010年 2015年	北海市主城区的扩张状况受地形限制影响较大，城市在发展过程中表现为向海域扩张的趋势，方向为向南发展逼近南面海域。主城区依托边缘外扩明显，伴随局部飞地式跳跃增长及向西南西北的指状延伸
一般城镇	北流	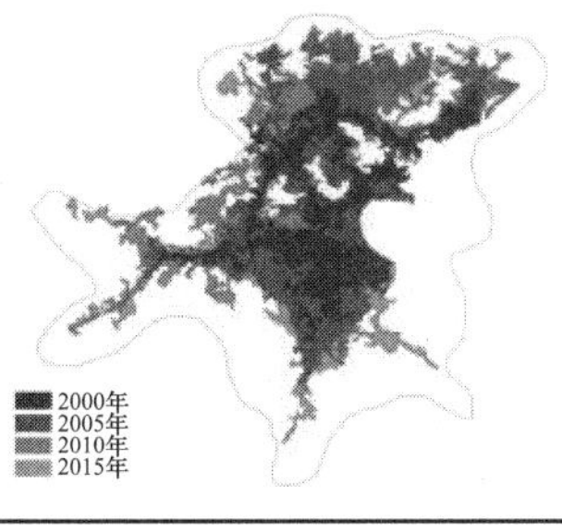 2000年 2005年 2010年 2015年	北流市主城区呈明显的指状延伸，依托路网走向其布局呈半环形形态分布，后期组团发展趋势明显，城市内部有大量闲置非建设用地。整体开发相对无系统规律，生长较为随意

续表

城市等级	城市	四个时间段城市主城区形态演替情况	城市主城区扩张特征
一般城镇	临高	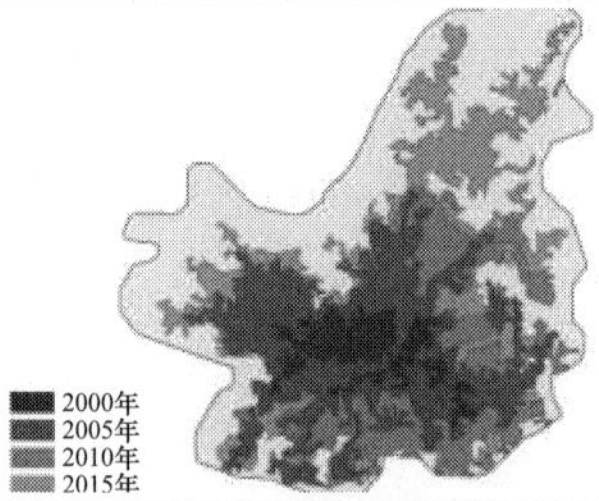 2000年 2005年 2010年 2015年	主城区整体呈团状发展，同时指状延伸为主要扩张模式，通过指状延伸再往周边扩张，城市发展方向前期无明显的侧重，东南西北四面都有扩张延伸的迹象，后期为了靠近海域向北扩张速度加快，形成大幅度跨越式飞进

政策驱动因素：建设用地的发展变化难以摆脱相关政策措施的调控，北部湾城市群亦是如此。城市发展方针政策是一定时期内，国家为实现城市发展目标而制定的具体行为准则。政策是命令性文件，具有一定的调控性及指导性，能直接影响建设用地的发展走向，往往地方政府会依据上级政策及自身发展情况对城市未来整体发展走向进行宏观的规划与预估。当划定北部湾城市群范围、构建南海新兴城市集聚、联合东盟发展经济的政策出台时，带给北部湾区域内各城市的发展机遇是有目共睹的。政策奠定了未来城市的发展定位，推动了城市的发展脚步，指引了城市的发展方向，调控了城市的发展节奏。通过系列政策，北部湾城市群的战略格局显现，而城市作为实现政策落地的主要对象，承担着重要的责任与使命，主导建设用地的发展。

地理位置驱动因素：同样地理位置对城市产生的影响也是直观的，城市所处的地理位置能够决定城市未来发展的前景及机遇。传统优势的地理位置主要由交通要道、运河港口、矿产资源等资源丰富、地势平坦的平原地带体现。处于以上地理条件的城市能够通过良好的运输条件、可开发的地域空间发展物流、运输等贸易产业，并拥有大量可形成发展动力的贮备腹地。同时，城市地理位置的差异性及特殊性，决定了城市职能性质的特殊性和规模的差异性。城市腹地的规模、条件和城市与城市之间通达性通通都受制于地理环境及地理位置的影响。北部湾城市群地处南海沿海，拥有较长的海岸线，同时拥有多个深水港区可发展沿海贸易经济，且多个重点城市及节点城市位于沿海地带，良好的地域条件为这些城市提供了深远的发展前景与机遇。

经济驱动因素：城市自身的经济条件决定了城市内部建设用地的规模强度及发展潜力。经济发展较好的城市拥有较为长远的产业发展规划。经济发展实力奠定了一切物质条件的基础，是城市发展建设最重要的影响因素之一。北部湾城市群整体经济发展态势存在发展参差不齐的现象，极化现象严重，直接反映在城市建设用地规模的开发速度上。广东省内的城市由于较早获得经济发展的机遇而使得其贮备了大量的发展动力，所以城市规模普遍较成熟，而海南及广西范围内的大多数城市前期经济增长缓慢，城市发展速度也较缓慢，城市功能尚未完善，整体处于未成熟的状态。北部湾城市群内部由于不同省级范围带来的经济差异直接影响了城市建设用地规模的发展状态。

（三）各等级城市建设用地扩张模式分析

景观指数是实现定量化分析景观格局变化的常用手段，分析景观的变化情况以景观指数为主要研究计量。但景观指数是对景观斑块和景观格局几何特征的状态描述，只能反映单一时相景观格局的状态信息，不能很好地判断景观格局动态变化的过程情况。刘小平等提出了景观扩张指数（landscape expansion index，*LEI*）的理论重新定义景观格局和景观斑块随着时间变化呈现的动态变化过程，与 Fragstas4.2 得到的景观指数相比，景观扩张指数（*LEI*）可以反映景观格局在两个以上时相上的动态变化的过程信息。

景观扩张指数（*LEI*）能够很好地识别城市扩张变化的 3 种类型——填充式、边缘式和飞地式。本书通过景观扩张指数（*LEI*）对 2000—2015 年北部湾城市群内多个等级城市主城区建设用地的动态变化过程进行定量化分析，来观测北部湾城市群城市建设用地扩张过程。景观格局动态变化过程的研究分析能更精确地研究城市建设用地的数年演变趋势，有助于研究其演变与发展之间的相互关系。城市建设用地面积伴随着经济的飞速发展快速扩张，但每个时间段推进城市快速发展的影响因素不尽相同，城市建设用地也会呈现不同的动态变化过程和空间扩张模式（附录图 1）。

通过对 3 个时段（2000—2005 年、2005—2010 年、2010—2015 年）北部湾城市群范围的遥感影像来获取各个等级城市对应时段的城市建设用地扩张信息，利用 ArcGIS 的空间分析功能计算各个城市的景观扩张指数（*LEI*）。根据对应时段的景观扩张指数（*LEI*）来识别各个等级城市的扩张模式及其动态变化过程，总结不同等级的城市建设用地随着时间变化而产生的变化特征，分析其变化规律与特点，为后续研究创造条件。

景观扩张的空间模式主要有 3 种，即填充式、边缘式、飞地式，其他扩张模式都可以看作是这三种基本模式的变种或者混合体。景观扩张指数（*LEI*）的原理基于景观斑块的最小包围盒定义，最小包围盒涵盖了斑块的最小空间变化范围，通过计算最小包围盒内新增斑块面积及原有斑块面积的相关关系能得到斑块动态变化的景观扩张指数（*LEI*），其公式为：

$$LEI = 100 \times [A_0/(A_E - A_P)]，新增斑块不为矩形 \quad (2\text{-}1)$$

式中 LEI——斑块的景观扩张指数，km^2；

A_E——斑块的最小包围盒面积，km^2；

A_P——新增斑块本身的面积，km^2；

A_0——最小包围盒里原有景观的面积，km^2。

$$LEI = 100 \times [A_{L0} / (A_{LE} - A_P)]，新增斑块为矩形 \quad (2\text{-}2)$$

式中 A_{LE}——当新增斑块为矩形时，斑块的放大包围盒面积，km^2；

A_{L0}——放大包围盒里原有景观的面积，km^2。

景观扩张指数（LEI）的取值范围为 $0 \leqslant LEI \leqslant 100$，当 $50 < LEI \leqslant 100$ 时，认为该斑块属于填充式扩张；$2 \leqslant LEI \leqslant 50$ 时，斑块属于边缘式扩张；$0 \leqslant LEI < 2$ 时，斑块属于飞地式扩张。

同时，其平均斑块景观扩张指数（$MLEI$）值越大，景观扩张的动态变化方式更趋于紧凑。

$$MLEI = \sum^{N} \frac{LEI_i}{N} \quad (2\text{-}3)$$

式中 LEI_i——新增斑块 i 的景观扩张指数；

N——新增斑块总的数目。

运用 IDRISI 提取北部湾城市群 2000—2015 年时期的土地分类图，获取中心城市（南宁、海口）、节点城市（北海、茂名）及一般城镇（北流、临高）的 2000—2005 年、2005—2010 年、2010—2015 年 3 个时段的建设用地变化数据。利用 ArcGIS 软件分别对 3 个时段 6 个城市的变化数据进行景观扩张指数（LEI）计算，3 个时段的平均斑块景观扩张指数（$MLEI$）的统计汇总如下（表 2-5）。

各等级 6 个城市主城区平均斑块景观扩张指数（*MLEI*）汇总表　　表 2-5

中心城市						
	南宁			海口		
MLEI	2000—2005 年	2005—2010 年	2010—2015 年	2000—2005 年	2005—2010 年	2010—2015 年
	18.45	20.25	22.93	13.38	32.79	29.76
节点城市						
	北海			茂名		
MLEI	2000—2005 年	2005—2010 年	2010—2015 年	2000—2005 年	2005—2010 年	2010—2015 年
	13.81	26.31	25.35	20.19	39.29	31.76
一般城镇						
	北流			临高		
MLEI	2000—2005 年	2005—2010 年	2010—2015 年	2000—2005 年	2005—2010 年	2010—2015 年
	9.18	27.65	32.40	7.36	28.90	27.97

第三节 碳汇用地发展特征

北部湾城市群碳汇用地整体变化情况较为明显，从 1990 年的 116778.16km^2 减少到 2015 年的 112689.95km^2，呈持续减少趋势，共减少了 4088.21km^2。其中 1995—2000 年、2010—2015 年这两个时间段，碳汇用地减少量较多，变化量分别达到 0.74%、1.61%（图 2-2、表 2-6）。

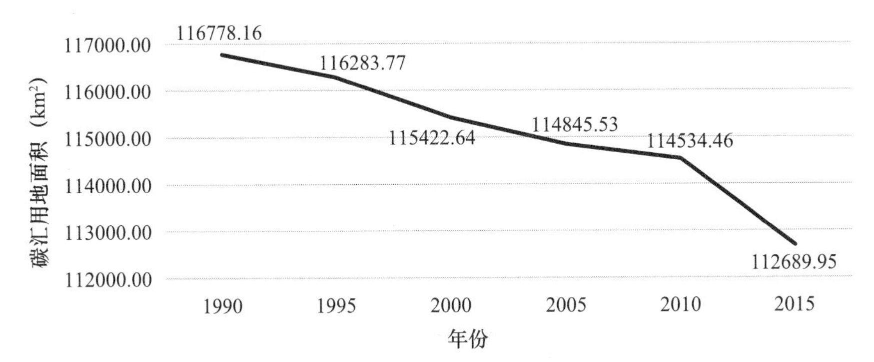

图 2-2 北部湾城市群碳汇用地变化趋势图

北部湾城市群碳汇用地变化情况表 表 2-6

年份（年）	1990	1995	2000	2005	2010	2015
碳汇用地（km^2）	116778.16	116283.77	115422.64	114845.53	114534.46	112689.95
变化量（%）	—	−0.42	−0.74	−0.50	−0.27	−1.61

（一）1990 年至 1995 年碳汇用地变化

1990 年北部湾城市群碳汇用地共 116778.16km^2，其中水域 3464.28km^2、林地 76166.60km^2、灌丛 17763.71km^2、草地 13832.89km^2、未利用地 5550.68km^2；1995 年北部湾城市群碳汇用地共 116283.77km^2，其中水域 3339.10km^2、林地 82204.88km^2、灌丛 18446.75km^2、草地 9897.23km^2、未利用地 2395.81km^2。从 1990 年到 1995 年，碳汇用地总体减少 494.39km^2，其中草地与未利用地减少量分别达到 3935.66km^2、3154.87km^2；由于水域是固定的，故变化基本不大；中部大片林地增加，中北与东部灌丛用地部分增加。

这一时期南宁、茂名、海口三市的碳排用地扩张较为明显。根据 1990—1995 年碳汇用地矩阵转移概率表（表 2-7）可以看出每类用地相互转化的情况。水域总体是减少的，大部分水域转化成为林地、未利用地和碳排用地，少部分转变成为灌木和草地；其次是草地，草地在此时期的减量最多，大部分转化成为林地和灌丛，未利用用地的转化趋势与草地类似，这才形成了林地大幅增加而草地和未利用用地大幅减少的局面。碳排用地转移率比碳汇用地高，但具体到转移用地的面积上，碳汇用地转换成碳排用地的数量远远高于碳排用地转移量。这也是造成碳排用地面积大量增加，碳汇用地面积减少的原因。

（二）1995—2000 年碳汇用地变化

2000 年北部湾城市群碳汇用地共 115422.64km^2，其中水域 3613.56km^2、林地 66253.77km^2、灌丛 31557.79km^2、草地 9621.54km^2、未利用地 4375.99km^2。从 1995 年到 2000 年，碳汇用地总体减少 861.12km^2，林地减少量达到 15951.11km^2，用地占比从之前的 70.69% 骤降到 57.40%。草地减少相对较少，只有 275.69km^2。而灌丛用地增量最大，达到 13111.03km^2，其次是未利用地，增加了 1980.18km^2，水域变化量不大。可能是由于选取卫星片时植物正在过渡期，故将大量林地识别为灌丛用地。

南宁、海口、湛江、阳江等城市建设用地扩张的趋势并不明显。从矩阵转移概率分析表（表 2-7）可以看出，减少的林地 20.80% 转化成为灌木，少量转化成为其他几类碳汇用地；草地大部分转化成为灌丛，小部分变为林地与未利用地。各类用地之间相互转化较为复杂，但可以看出灌丛用地的增加是由于林地与草地转化，未利用地大面积增加，草地的贡献率最高。此时间段碳排用地的转移量高于碳汇用地的转移量，但总体数量来看，碳排用地仍然在增加，碳汇用地减少。

（三）2000—2005 年碳汇用地变化

2005 年北部湾城市群碳汇用地共 114845.53km^2，其中水域 3997.16km^2、林地 84696.61km^2、灌丛 10670.62km^2、草地 13172.48km^2、未利用地 2308.66km^2。从 2000 年到 2005 年，碳汇用地总体减少 577.12km^2，灌丛用地减少量是目前以来最多的，达到 20887.16km^2，用地占比从之前的 27.34% 骤降到 9.29%。未利用地变化也较为明显，减少了 2067.33km^2。而林地增量最大，达到 18442.84km^2，其次是草地，增加了 3550.94km^2。这个时间段内，虽然碳汇用地总量变化不是最大的，但碳汇用地内部变化较为剧烈，特别是林地与灌丛用地。

南宁、钦州、北海、玉林、阳江、湛江、海口等城市存在明显扩张趋势。从矩阵转移概率表（表 2-7）可以看出，林地的增加是由于大量灌丛和草地的转化，草地的大幅增加，是由于未利用地以及灌木的转换，水域的增加，主要来源于未利用地；灌丛用地有 59.89% 转化为林地，15.79% 转化为草地，未利用地有 26.32% 转化为林地，29.36% 转化成为草地，4.87% 转化成为水域。对比碳排用地与具体碳汇用地转化量可以发现，水域与碳排用地相互转化量相差不大；林地转碳排用地量高于碳排用地转林地的量；灌丛与碳排用地的转化差值更为悬殊，这也正是碳排用地大量增加的原因。

（四）2005—2010 年碳汇用地变化

2010 年北部湾城市群碳汇用地共 114534.46km^2，其中水域 3530.84km^2、林地 78501.73km^2、灌丛 20954.81km^2、草地 9094.97km^2、未利用地 2452.10km^2。从 2005 年到 2010 年，碳汇用地总体减少 311.07km^2，其中变化量最大的是灌丛用地，增加了 10284.19km^2，而林地与草地均有减少，分别为 6194.87km^2 和 4077.50km^2，水域与未利用地变化不大。

用地分布变化不大，碳排用地扩张趋势不大。从矩阵转移概率表（表 2-7）可以看出，灌丛用地增加其他用地都有转化，但是以林地为主，贡献量最大。林地面积的骤降，是因为大部分转化成为灌木，少量转化成为草地。草地大部分转化成为林地与灌丛用地，少量转化为未利用地与水域。而未利用地的增加，主要来源于林地与草地。单从碳排用地转移面积获得量来看，碳排用地增加的主要的贡献来自林地，与碳排用地转换为林地的面积相当。此外，碳排用地转化为灌木的量最多，正是由于碳排用地转化为碳汇用地的面积较多，故此时期内碳排用地面积增量较小。

（五）2010—2015 年碳汇用地变化

2015 年北部湾城市群碳汇用地共 112689.95km^2，其中水域 3089.90km^2、林地 84747.30km^2、灌丛 11197.39km^2、草地 11083.78km^2、未利用地 2571.59km^2。从 2005 年到 2010 年，碳汇用地总体减少 1844.51km^2，是减少量最大的时期。碳汇用地损失的主要来自灌丛用地，减少量高达 9757.43km^2，其次是水域。林地增量最大，为 6245.56km^2，其次是草地，增加了 1988.80km^2，最后是未利用地，增加了 119.49km^2。

南宁、北海、钦州、防城港、海口等城市的建设用地扩张较为明显。从矩阵转移概率表（表 2-7）可以看出，灌丛用地的转化量按大小排序依次为：林地、草地、未利用地、水域，其中转化林地的数量最多，达到灌丛用地总量的一半以上。水域的减少，主要转化为未利用地与林地，转化率依次为 13.06%、12.54%。从增量用地的角度来看，林地大幅增加，是由于大量灌丛用地以及少量草地的转换；草地的增加是由于林地与灌木的大量转换。在碳排用地向碳汇用地转移中，碳排用地转林地的量最大，转化率高达 37.94%，总体来看，在碳排、碳汇用地相互转化中，碳汇用地向碳排用地的转化量远远高于碳排用地转碳汇用地的量。

（六）小结

用地按照大类可分为水域、碳汇用地、碳排用地。如表 2-7 所示，北部湾城市群的碳排、碳汇不同时间段的变化情况较为明显，水域整体变化不大，分布较为固定；碳排用地面积较为分散、总量较少，变化情况比较明显的是碳排用地每个阶段都在扩张，因为总体面积不变，相应的碳汇用地面积不断减少。特别是2005—2015年，以南宁为首的碳排用地出现较大范围的扩张，不断侵蚀周边碳汇用地。北部湾城市群在发展过程中，大面积的碳汇用地并没有得到有效的保护和系统的规划，一直被城市建设用地侵蚀，其形态布局也被动地接受变化。在城市周边小范围的碳汇用地也许会受到一定的控制与保护，但就整个北部湾城市群的空间范围来说，并未形成科学保护与发展的整体格局观，区域内的城市与城市之间、城市与乡村之间的碳汇用地协调成为未来必须要关注的重点，这对于区域整体的碳汇用地保护以及碳汇能力产生重要的影响。

北部湾城市群碳排、碳汇用地面积矩阵转移概率分析表（单位：%）　表 2-7

1990—1995 年	水域	林地	灌木	草地	未利用地	建设用地	合计
水域	73.86	12.14	1.16	1.82	6.98	4.04	100
林地	0.42	83.69	9.62	4.55	0.77	0.95	
灌木	0.27	52.06	32.06	12.07	1.56	1.97	
草地	0.48	41.07	28.87	21.73	2.61	5.25	
未利用地	5.31	30.58	22.55	19.94	15.32	6.30	
建设用地	4.33	37.94	12.80	10.11	7.34	27.48	
1995—2000 年	水域	林地	灌木	草地	未利用地	建设用地	合计
水域	79.67	9.10	2.45	2.14	4.04	2.60	100
林地	0.59	71.22	20.80	4.28	1.96	1.14	
灌木	0.35	30.06	48.93	14.15	4.72	1.80	
草地	0.77	17.42	41.34	26.31	9.37	4.79	
未利用地	7.59	17.62	24.45	17.48	26.21	6.65	
建设用地	5.94	16.27	34.09	16.96	8.40	18.34	
2000—2005 年	水域	林地	灌木	草地	未利用地	建设用地	合计
水域	77.45	8.46	1.51	5.03	3.24	4.31	100
林地	0.93	88.39	4.45	4.24	0.61	1.38	
灌木	0.38	59.89	16.99	15.79	1.95	5.01	
草地	0.82	37.66	14.85	34.31	5.06	7.30	
未利用地	4.87	26.32	14.03	29.36	13.83	11.60	
建设用地	7.07	26.56	10.75	24.94	3.31	27.37	

续表

2005—2010 年	水域	林地	灌木	草地	未利用地	建设用地	合计
水域	67.06	17.65	1.41	1.84	5.47	6.57	100
林地	0.50	80.34	12.93	4.07	0.83	1.32	
灌木	0.53	44.27	35.66	13.66	2.63	3.25	
草地	1.55	35.20	34.21	20.81	4.14	4.09	
未利用地	3.40	21.77	23.47	24.22	19.48	7.65	
建设用地	2.06	24.13	28.33	19.35	5.86	20.27	
2010—2015 年	水域	林地	灌木	草地	未利用地	建设用地	合计
水域	63.56	12.54	0.97	1.73	13.06	8.15	100
林地	0.46	86.17	6.26	4.27	1.01	1.83	
灌木	0.36	54.20	18.91	18.71	2.42	5.40	
草地	0.84	36.75	17.74	31.75	3.39	9.52	
未利用地	6.25	28.34	12.70	20.88	12.90	18.93	
建设用地	5.37	37.94	10.79	10.57	5.53	29.80	

第四节 碳储量时空演变特征

一、测定原理

碳储量即碳的储存量，一般指某个碳库中碳的含量，常见碳库包括海洋、森林等。碳密度为单位面积的碳储量。InVEST 模型为生态系统服务和权衡交易评价模型，能够实现生态系统服务的定量化评估和空间可视化。该模型包括海洋生态系统、淡水生态系统以及陆地生态系统三个模块，用户可以根据需求向相应模块输入数据与参数，随即得到评估结果。要求土地管理人员考虑在何处保护与开发，这些评估模块将是进行生态系统服务决策的理想支持工具。

本节需要用到的模块是位于陆地生态系统模块下的碳储量部分，碳储量模块基于碳密度。其原理为，InVEST 模型使用土地利用或覆盖类别、木材采伐量、采伐产品降解率和四大碳库的碳储量来估算总碳储量或者一段时间内的碳汇量，其中四大碳库包括：地上生物量、土壤有机物、地下生物量以及死亡有机物。碳密度计算公式如下：

$$C_i = C_{\text{above}} + C_{\text{below}} + C_{\text{soil}} + C_{\text{dead}} \tag{2-4}$$

式中 C_i——某地类 i 的碳密度；

C_{above}、C_{below}、C_{soil}、C_{dead}——分别为地上生物碳密度、地下生物碳密度、土壤有机物碳密度、死亡有机物碳密度。

根据生态空间的需求和不同用地类型碳密度值，计算不同土地利用类型的总碳储量 T_{c}，计算公式如下：

$$T_i = C_i \times A_i \tag{2-5}$$

$$T_{\text{c}} = \sum_{n}^{i=1} T_i \tag{2-6}$$

式中 T_{c}——总碳储量；

T_i——地类 i 的碳储量，区域共有 n 种地类；

C_i——地类 i 的碳密度；

A_i——地类 i 的面积。

将 2020 年与 2060 年两年不同场景的碳储量计算结果相减，可得到未来 40 年内总碳汇量与不同地类的碳汇量，从中得到碳汇空间分布变化情况。

二、区域碳密度测定

由于碳密度测定难度较大，故本书对土地利用类型的碳密度进行碳汇分析，同时参考碳密度测定的相关研究，可知碳密度会根据地区气候和纬度等因素的不同产生变化，因此在采集和计算时需要注意不同区域产生的碳密度变化。

参考国家生态科学数据中心的碳密度数据和部分文献的碳密度研究成果，得到我国的土壤碳密度表（表 2-8）。

不同土地利用类型的土壤碳密度表 表 2-8

土地利用类型	耕地	林地	草地	建设用地	水域	未利用地
土壤碳密度（t/hm^2）	108.4	158.8	99.9	0	0	21.6

由于本书的研究需要获取北部湾城市群的碳密度数据，且碳密度会受到气候和土壤的影响，因此需要进行深入核算。相关研究表明，中国生物量碳密度与土壤碳密度都和年降水量呈正相关，与年均气温呈弱相关。因此采用已有公式修正年降水量和土壤有机物碳密度的关系。

$$C_{\text{PS}} = 3.3968P + 3996.1 \tag{2-7}$$

式中 C_{PS}——通过年降水量得到的土壤碳密度，g/cm^2；

P——年降水量，mm。

北部湾城市群中部城市湛江 2018 年的年均降水量为 1999.4mm，2018 年全国尺度年降水量为 671.1mm。将数值代入公式分别得到北部湾城市群和全国的土壤碳密度。北部湾城市群与全国的碳密度之比为修正系数，全国碳密度数据与修正系数的乘积为北部湾城市群碳密度数据。

$$K_{PS}=\frac{C'_{PS}}{C''_{PS}} \tag{2-8}$$

式中 K_{PS}——土壤碳密度修正系数；

C'_{PS} 和 C''_{PS}——分别为北部湾城市群尺度和全国尺度下通过年降水量得到的土壤有机物碳密度，g/cm^2。

根据已有研究，各土地利用类型之间的碳密度可以运用公式转换得到：

（1）建设用地：总碳密度 100% ＝生物量碳密度 21% ＋土壤有机物碳密度 79%。

（2）耕地 / 林地 / 草地 / 未利用地：总碳密度 100% ＝生物量碳密度 26% ＋土壤有机物碳密度 72% ＋死亡有机物碳密度 2%（表 2-9）。

不同土地利用类型的地下地上生物量碳密度比值表　　表 2-9

土地利用类型	耕地	林地	草地	建设用地	未利用地
地下 / 地上生物量	0.66	0.2	1.2	0.2	0.2

经过公式计算得到北部湾城市群不同土地利用类型的碳密度（表 2-10）。

北部湾城市群不同土地利用类型碳密度表　　表 2-10

土地利用类型	地上生物量（t/hm^2）	地下生物量（t/hm^2）	土壤有机物（t/hm^2）	死亡有机物（t/hm^2）
耕地	40.5	26.8	186.3	5.2
林地	82.2	16.4	273.0	7.6
草地	28.2	33.8	171.7	4.8
建设用地	5.6	1.1	25.3	0
水域	0	0	0	0
未利用地	11.2	2.2	37.1	1.0

三、城市群碳储量时空演变分析

通过 InVEST 模型分析后得到北部湾城市群的碳储量和碳汇的测定结果，并根据结果推算相应年份各城市区域的碳平均密度（表 2-11）。

北部湾城市群各城市碳储量和平均密度表　　表 2-11

城市	碳储量（t）			平均密度（kg/m²）		
	2000 年	2010 年	2020 年	2000 年	2010 年	2020 年
南宁	671386400	662539990	644304860	30.64	30.24	29.41
防城港	201406220	202158560	201450090	33.96	34.09	33.97
钦州	351051960	347022920	342003510	33.02	32.64	32.16
北海	90168350	88470100	88063730	27.38	26.87	26.74
崇左	543175750	542413830	541413040	31.55	31.50	31.44
玉林	420244860	416261300	406427430	33.16	32.84	32.07
茂名	353196570	349697650	342156240	31.35	31.04	30.37
湛江	330668350	330171210	321420120	27.19	27.15	26.43
阳江	239817510	238377350	234384090	31.43	31.24	30.72
海口	63007050	65197850	58273960	29.09	30.10	26.90
儋州	95325770	97776400	94300000	30.25	31.03	29.93
东方	68967680	73479700	65544160	31.26	33.31	29.71
澄迈	66179030	67035590	63739080	32.41	32.83	31.21
临高	37687360	38456040	36555720	30.37	30.99	29.46
昌江	51033810	52852450	49199650	33.07	34.25	31.89

参照碳密度表对北部湾城市群碳密度随时间维度的变化情况与空间分布情况进行分析。从时间维度的变化来看，北部湾城市群总碳储量从 2000 年的 3.63×10^9t 下降至 2020 年的 3.54×10^9t，城市群碳储量的平均密度由 2000 年的 31.06kg/m^2 下降至 2020 年的 30.23kg/m^2（表 2-12）。2010—2020 年碳储量与平均密度较 2000—2010 年的碳储量与平均密度下降幅度增大，说明北部湾城市群近 20 年碳固存情况趋于恶化。由表 2-14 可知，2000—2010 年碳储量减少 1.12×10^7t，2010—2020 年碳储量减少 8.60×10^7t，而 2000—2010 年生态空间面积减少 800km^2，2010—2020 年生态空间面积减少 878km^2，表明 2010—2020 年碳储量流失比 2000—2010 年加重的情况与生态空间面积减少速度关系较小，碳流失加速更多反映在城镇扩张的进程上。

北部湾城市群碳储量与平均密度表　　表 2-12

年份（年）	碳储量（t）	平均密度（kg/m²）
2000	3.63×10^9	31.06
2010	3.62×10^9	30.97
2020	3.54×10^9	30.23

北部湾城市群各地类碳储量及其占比表　　表 2-13

土地利用类型		2000 年	2010 年	2020 年
耕地	碳储量（t）	1203290600	1220060840	1167032720
	比例（%）	33.11	33.67	32.99
林地	碳储量（t）	2355552480	2341029120	2300492640
	比例（%）	64.81	64.61	65.04
草地	碳储量（t）	67352400	53400150	51563700
	比例（%）	1.85	1.47	1.46
建设用地	碳储量（t）	8268800	8755200	18121600
	比例（%）	0.23	0.24	0.51
未利用地	碳储量（t）	41200	36050	56650
	比例（%）	0.01	0.01	0.01

北部湾城市群碳储量与生态空间面积变化表　　表 2-14

时间	碳储量变化（t）	生态空间面积变化（km^2）				
		林地	草地	水域	未利用地	总体变化
2000—2010 年	-1.12×10^7	−383	−585	+169	−1	−800
2010—2020 年	-8.60×10^7	−1069	−77	+264	+4	−878

从空间分布情况来看，北部湾城市群碳储量存在明显的地区分布差异。碳储量集中在粤西及桂东南区域，碳汇能力较强的城市主要为防城港、钦州、玉林、茂名和阳江 5 个城市。碳汇能力与土地利用类型有强相关性，上述 5 座城市的林地面积在北部湾城市群位居前列。碳汇能力较弱的城市主要为南宁、湛江、海口、北海、儋州和临高，上述 6 个城市的建设用地及耕地面积占比较大，影响了区域碳储量的积累。根据表 2-11 和表 2-12 中的 2020 年现状数据，北部湾城市群各城市的碳密度排名由高到低为：防城港、钦州、玉林、昌江、茂名、阳江、东方、崇左、澄迈、南宁、临高、儋州、海口、湛江、北海，其中防城港、玉林、茂名、阳江、钦州、昌江、东方七座城市碳密度高于平均密度，其他城市碳密度低于平均密度。另外，2000—2010 年土地碳密度变化较剧烈的区域集中在南宁、玉林和海口等少数城市区周边，碳储量流失较严重，2010—2020 年碳密度变化范围相比十年前更加广泛，碳储量减少的核心区域仍集中在城市周边。

从土地利用类型与碳密度二者关系的角度看，北部湾城市群各城市的碳储量变化与土地利用类型具有强相关性（表 2-8 和表 2-13），林地的碳储能力在各地类中最强。2020年林地碳储量占总储量的65.04%，其余用地类型的碳储量占比依次为耕地32.99%、草地1.46%、建设用地0.51%、未利用地0.01%。由此可见，生态空间中的林地占据过半的碳储量，生态空间各用地类型碳储量总和占比达到66.50%，与生态空间土地面积占比63.50%接近，证明了两者的相关性。

第五节　景观变化与空间失控

一、整体景观格局变化特征

景观指数能高度浓缩景观格局的基本信息（表2-15），且能定量反映其结构组成和空间分布，景观格局分析方法在景观生态学的研究中起到很重要的作用。为了从不同层次全面客观地反映北部湾城市群碳汇用地的景观格局特征以及变化情况，根据研究区域的特点从景观水平和类型水平两个方面选取不同的景观指数进行分析。在景观水平方面选取景观面积指数（*TA*）、最大斑块占比（*LPI*）、边缘密度（*ED*）、香农多样性指数（*SHDI*）4个指标；在景观类型上选取斑块类型面积（*CA*）、斑块数量（*NP*）、斑块密度（*PD*）、最大斑块占比（*LPI*）、边缘密度（*ED*）、景观形状指数（*LSI*）、聚集度指数（*AI*）7个指标。其中，最大斑块占比（*LPI*）决定景观中的优势种、内部种的丰度等生态特征；香农多样性指数（*SHDI*）常用来表示景观类型的丰富和复杂程度；斑块数量（*NP*）、斑块密度（*PD*）、边缘密度（*ED*）和景观形状指数（*LSI*）用来反映景观的破碎度与异质性；聚集度指数则反映不同斑块类型的非随机性或聚集程度。本次研究选取北部湾城市群1990年、2000年、2015年3个大跨度时间节点的用地分布图，将其导入Fragstats4中进行分析，分析结果见表2-16、表2-17。

景观指数一览表　　**表2-15**

景观指标	其生态学含义说明
斑块数量（*NP*）	$NP \geqslant 1$，等于某一类型斑块的总个数
最大斑块占比（*LPI*）	$0 < LPI \leqslant 0$，等于某一类型的最大斑块占总体面积的比例，能够反映斑块的集中程度和景观的优势类型
斑块占景观面积比例（*PLAND*）	$0 \leqslant PLAND \leqslant 100$，等于某一斑块类型的总面积占景观整体面积的百分比。其值越大，说明此种斑块覆盖丰富
丛生指数（*CLUMPY*）	$-1 \leqslant CLUMPY \leqslant 1$，由邻接矩阵计算而来，反映了斑块之间的邻接点在景观地图上并排显示的频率。用来反映总体规模的扩大变化情况
聚集度指数（*AI*）	$0 \leqslant AI \leqslant 100$，由邻接矩阵计算而来，反映了斑块类型在该景观地图中聚集显示的频率

续表

景观指标	其生态学含义说明
连接度指数（*COHESION*）	0 < *COHESION* < 100，反映同种斑块间的连通和内聚力强弱，斑块内聚力对中心斑块的聚集敏感度
散布与并列指数（*IJI*）	0 < *IJI* ≤ 100，代表各个斑块类型间的总体散布与并列状况，能够量度斑块间的连接性和分布格局
相似邻近比指数（*PLADJ*）	0 ≤ *PLADJ* ≤ 100，反映了不同类型的斑块类型在景观地图上邻近出现的次数频率，为斑块聚集度的反映指数。包含具有简单形态的较大斑块的景观类型比具有较小斑块和更复杂形状的景观类型的相似邻近比例更大。反映斑块的分散情况
形态指数（*SHAPE_MN*）	*SHAPE* ≤ 1，*SHAPE* 等于贴片周长（m）除以贴片面积（m^2）的平方根，由常数调整为平方标准。形态指数是不同类型斑块形态最直接的测算指数
分维度指数（*FRACT_MN*）	1 ≤ *FRACT* ≤ 2，等于斑块周长（m）的对数除以斑块面积（m^2）的对数的2倍。反映了整个空间尺度范围（斑块大小）的形状复杂性。因此，像形状指数一样克服了直线周长面积比，也作为形状复杂度的主要限制之一
周长面积比（*PARA_MN*）	*PARA* > 0，等于斑块周长与面积之比，反映斑块大小的变化程度

从景观水平方面对景观格局进行分析，可以看出整个区域的景观格局演变规律。由表 2-16 可知：① 从景观面积指数（*TA*）来看，总面积先少量增加后急剧减少，表明在 2000 年以前景观面积变化不大，从 2000 年到 2015 年总面积大量减少；② 边缘密度指数（*ED*）不断减少原则上说明整体景观异质性增加，而最大斑块占比（*LPI*）先减少后增加，说明人类活动对于研究区产生一定的干扰，导致景观破碎度的变化；③ 从香农多样性指数（*SHDI*）来看，从 1990 年到 2015 年变化波动不大，整体呈减小的趋势，表明景观的丰富度和异质性稍有减弱，各个景观要素所占的比例差异化明显，景观分布越来越不均衡。

北部湾城市群景观水平上景观格局指数表　　表 2-16

年份（年）	*TA*	*LPI*	*ED*	*SHDI*
1990	11774443.50	53.86	74.42	1.11
2000	11783280.00	21.63	72.68	1.19
2015	1285124.13	68.87	50.70	0.88

北部湾城市群景观类型上景观格局指数表　　表 2-17

类型	年份	水域	林地	灌木	草地	未利用地
CA	1990	346155.93	7607983.32	1774040.94	1381992.84	554332.41
	2000	361211.00	6623853.00	3153181.00	962677.00	437782.00
	2015	41969.34	995809.14	64488.15	78756.30	31509.00

续表

类型	年份	水域	林地	灌木	草地	未利用地
NP	1990	39964.00	93703.00	505647.00	377035.00	185357.00
	2000	46000.00	138224.00	296134.00	273167.00	148948.00
	2015	5755.00	4100.00	34783.00	31627.00	15698.00
PD	1990	0.34	0.80	4.29	3.20	1.57
	2000	0.39	1.17	2.51	2.32	1.26
	2015	0.45	0.32	2.71	2.46	1.22
LPI	1990	0.27	53.86	0.26	0.24	0.03
	2000	0.18	21.63	2.41	0.06	0.03
	2015	0.53	68.87	0.02	0.04	0.01
ED	1990	3.83	54.11	42.63	32.37	12.55
	2000	4.34	47.57	55.64	21.54	9.87
	2015	4.84	40.07	16.72	18.35	7.75
LSI	1990	201.71	579.72	943.13	811.15	498.85
	2000	219.44	547.10	923.99	647.84	442.41
	2015	76.41	131.14	211.98	210.47	143.42
AI	1990	69.24	81.11	36.29	37.92	39.73
	2000	63.56	78.77	47.98	33.98	33.15
	2015	66.67	88.25	24.87	32.57	27.32

从类型水平方面对景观格局进行分析，可以具体到不同用地类型的变化特征以及其对于整体景观变化的影响，具有重要的分析意义。从表 2-17 可知，灌木、草地、其他非建设用地的变化趋势较为类似，而水域、林地的变化趋势较为特殊：① *CA* 指数显示，水域、林地、灌木、草地和其他非建设用地的斑块类型面积都呈减少的趋势，与用地分布图中的变化趋势相同，说明碳汇用地不断被侵蚀，从而面积减少；② 从斑块数量指数的变化来看，水域和林地斑块数量先增加后大幅下降，而灌木、草地和其他非建设用地一直不断减少，且所有斑块数量在 2000—2015 年的时间段变化量最大；草地斑块、灌木斑块、其他非建设用地斑块的面积较小但数量多，说明其破碎化程度较为严重；③ 从斑块密度来看，水域斑块密度明显增加，其他非建设用地斑块密度明显下降，而其他 3 类用地稍有波动，但总体都呈减少的趋势，除了水域斑块外边缘密度指数和景观形状指数的变化情况与此类似，表明水域斑块受到气候条件或者人们生活的干扰较大，

变化趋势波动明显；而其他景观斑块的形状较为复杂且空间异质性呈降低趋势；④ 从最大斑块占比来看，水域斑块与林地斑块的变化趋势相同，呈先减小后大幅增加的状态；其他 3 个斑块整体呈减小的趋势，且林地的最大斑块占比值始终较大，表明林地保持较大的优势度，而灌木、草地和其他非建设用地的优势度逐渐下降；⑤ 从聚集度指数的变化情况来看，水域斑块和林地斑块的波动不明显，先减少后增加，而灌木斑块、草地斑块和其他非建设用地斑块呈减少的趋势，说明水域斑块和林地斑块的聚集度变化不大，而其他 3 个景观斑块由集中向分散变化，聚集度不断下降、连通性减弱。

以上各类景观指数的阶段变化情况说明，近 25 年来北部湾城市群的用地类型出现了两极分化，随着社会经济的发展城市不断扩张，故人类干扰的增强，土地利用类型日趋单一，景观分布越来越不均匀，导致区域生态结构单调，生物多样性减少，从而使生态承载力降低，碳汇用地的碳汇能力也会受到一定的影响，应该引起足够的重视。

二、空间失控现状总结与评价

通过对北部湾城市群碳排碳汇用地 1990—2015 年的变化情况进行分析，并选取重要时间节点对各等级城市碳排碳汇用地及北部湾城市群整体景观格局的演变规律进行分析总结，发现北部湾城市群整体出现日趋严重的失控发展问题，表现为城市群碳排用地无序外扩和碳汇用地不断被侵蚀。

（一）碳排用地扩张发展

通过对北部湾城市群区域内建设用地的各种研究分析，分别从定性角度（目视判读）与定量角度（景观指数及景观扩张指数测算）、整体角度（北部湾城市群范围）与分级角度（不同等级城市）进行了系统全面的分析，得到研究时段（2000—2015 年）内北部湾城市群建设用地的变化规律，并对其进行特征总结。研究发现北部湾城市群内整体建设用地的扩张势头较为迅猛，整体发展走势呈现明显的南移近海发展趋势。其中以等级为分界线，不同等级城市扩张速度不尽相同。由于发展机遇及条件正向跟随城市等级，等级越高的城市的建设用地相对扩张速度越快，而一般城镇在研究时期内由于自身条件受限无法如中心城市及节点城市一般快速发展，但整体呈增加趋势。同时，同等级的城市之间也存在发展异同，相异处在于每个城市不同时期的建设用地扩张方式及状态各有特点、侧重，相同处在于建设用地随时间稳步增长。且边缘外扩的“摊大饼”式的建设用地扩张形式及不同程度的指状延伸已经成为北部湾城市群各等级城市建设用地扩张普遍存在的现象与问题。

“摊大饼”式的城市发展模式加速了主城区建设用地规模的无序扩大及过度

蔓延。相关研究表明边缘外扩会加重主城区的功能负担，导致主城区承载压力过大，从而带来一系列城市问题。其中在诱发、催生的这一系列的城市问题中，由于过高频率的建设用地活动带来的二氧化碳高排放是重要问题之一。随后章节将对北部湾城市群建设用地空间范围内的二氧化碳浓度分布变化进行数据获取与特征分析，尝试寻找建设用地变化与对应空间碳浓度变化的趋同性，为两者耦合分析提供直观依据。

（二）碳汇用地收缩发展

从碳汇用地变化可以看出，建设用地数量在1990—1995年、1995—2000年、2000—2005年、2005—2010年、2010—2015年每个阶段都在上升，而碳汇用地数量整体持续减少。随着城市快速发展建设，城市不断外扩蔓延，在北部湾城市群范围内城市外扩蔓延的趋势没有得到良好的控制，城市近期发展重心仍停留于外向型扩张，而不是城市内部的有机更新，故持续性地侵蚀周边的碳汇用地，导致碳汇用地数量明显减少，对整体系统平衡造成了一定的破坏。

通过分析不同用地阶段性的变化，发现北部湾城市群在建设用地扩张过程中注重城乡内部的用地规划与设计，只在行政界线内划定了外围的碳汇用地界线与保护范围，而且只是存在于行政界限内的保护，并未有跨行政界线的大区域碳汇用地系统规划，缺乏科学保护与发展的整体格局。建设用地与碳汇用地协同规划存在重大缺口，因此，对碳汇能力的提升产生了负面影响。

整体景观格局的变化特征表明，建设用地斑块的扩张导致景观生态系统功能显著下降，整体生态系统的脆弱性不断加剧。从1990—2015年，北部湾城市群各类景观斑块面积占比分异较大，出现比较明显的极化特征；景观组成的同质化加剧，导致景观多样性指数下降；部分斑块破碎化严重，受到较大的影响。碳排斑块的扩张侵蚀了大量碳汇用地，导致林地、草地、耕地数量不断减少，空间不断缩小。人类的肆意活动干扰了各类碳汇用地之间的物理连通性，对其碳汇能力也产生了一定的影响。

第三章

低碳之道——低碳发展的内在机理

影响地表碳浓度的驱动因子是什么？而决定地表碳浓度的碳排空间与碳汇空间演变的机理又是什么？碳储量格局时空间演变的驱动力又是什么？这些问题构成了城市群低碳发展的内在规律与机理，必须科学回答。本章重点关注了北部湾城市群碳浓度的变化特征，探究了碳浓度与土地利用格局的相互联系，设置了三种不同政策偏向的情景，模拟了北部湾城市群未来数十年碳储量的变化情况，深入探讨了北部湾城市群碳储量变化背后的关键驱动因素。

第一节　碳排空间演变机理分析

本节运用相关软件计算相关指标，对整体碳排空间用地（即建设用地）进行定量化的科学分析与机理探索，探讨北部湾城市群范围内所有城市总碳排用地变化情况，分析北部湾城市群整体发展趋势。景观指数描述景观格局及变化情况，是用来建立景观格局与变化过程之间联系的定量化研究指标，可用于分析景观结构及动态变化。

利用景观指数研究碳排用地在时间维度和空间维度上的变化。研究主要分析 2000—2015 年北部湾城市群碳排用地空间结构层面的演替变化情况，着重从碳排空间用地的规模、形态、结构 3 个空间层面基本指标大类出发分析北部湾碳排用地在时空维度上的演替变化情况。用于分析的相关指数有相关规模指数（建设用地面积、建设用地占比、最大斑块占比、建设用地斑块数量）、相关形态指数（形态指数、分维度指数、周长面积比丛生指数、相似邻近比例指数）、相关结构指数（聚集度指数、散布与并列指数、连接度指数），具体描述已于第二章节说明。在景观分析软件 Fragstats4.2 中代入历年北部湾城市群建设用地分布图，得到 4 个时间节点（2000 年、2005 年、2010 年、2015 年）3 类 9 种相关景观指数数据。表 3-1 为相关具体数据的历年数值。

北部湾城市群碳排用地景观指数数据表　　表 3-1

年份	规模指数			形态指数			结构指数				
	斑块占景观面积比（建设用地占比）*PLAND*	斑块数量（建设用地数量）*NP*	最大斑块占比 *LPI*	形态指数 *SHAPE_MN*	分维度指数 *FRAC_MN*	建设用地周长面积比 *PARA_MN*	丛生指数 *CLUMPY*	相似邻近比 *PLADJ*	散布与并列指数 *IJI*	聚集度指数 *AI*	连接度指数 *COHESION*
2000	0.4919	270187	0.0069	1.1122	1.022	610.3595	0.2784	28.1616	2.376	28.1958	73.1448
2005	0.9177	430833	0.0093	1.1378	1.0257	604.5549	0.3046	31.0696	2.8808	31.0973	80.9782
2010	0.6713	322744	0.0175	1.1177	1.0225	609.1927	0.3247	32.8842	4.7436	32.9184	85.4102
2015	1.0413	401660	0.0226	1.1436	1.0257	601.8787	0.3685	37.4717	5.1938	37.5029	90.4244

碳排空间用地规模方面，规模变化情况分析由景观指数中的斑块所占景观面积比（建设用地占比 *PLAND*）、斑块数量（建设用地数量 *NP*）、最大斑块占比（最大建设用地占比 *LPI*）分析体现。从图 3-1 可看出，3 种景观指数均随时间递增数值逐渐变大，整体呈上升态势。碳排用地总量与北部湾城市群所有用地的占比逐年增大，由 2000 年的 0.49% 增长到 2015 年的 1.04%。北部湾城市群建设用地在 2000—2015 年间快速实现碳排用地规模的扩大及数量的激增，开垦新建的建设用地数量增多，处于高速发展的阶段。而最大斑块占比的景观指数数据可以看出，其数值由 2000 年的 0.0069 增加到 2015 年的 0.0226，表明北部湾城市群主要城市的主城区碳排用地规模正在不断扩大，并逐年向城市外围扩张，从而导致最大斑块占比数值逐年增加。在研究期间内北部湾城市群各城市处于以较快速度发展建设中。

城市形态方面，北部湾城市群碳排空间用地形态变化情况由景观指数中的形态指数（*SHAPE_MN*）、分维度指数（*FRAC_MN*）、建设用地周长面积比（*PARA_MN*）体现。此 3 项景观指数能反映北部湾城市群碳排空间用地整体形态的变化情况。根据算法定义，形态指数数值越大，建设用地形态将会越发不规则；分维度指数则恰恰相反，其数值越小，建设用地形态则越规则。由图 3-1 中的相关数据可以看出，形态指数及分维度指数虽然在 2000—2015 年每个时间节点均有变化但整体增幅波动不大，维持在相对稳定的水平内。2 项景观指数表明，北部湾城市群整体建设用地在 2000—2015 年间，虽出现动态变化，但是由于缺乏整体规划及有计划有节奏的建设，呈现不规律的形态变化。形态指数波动增加，反映出北部湾城市群碳排用地在此期间没有呈现规整的城市发展形态。反观 4 个节点时段的周长面积比景观指数数值呈现波动下降的趋势，表明北部湾城市群碳排用地发展出现向外扩张的发散式形态变化。北部湾城市群碳排用地的相关形态指数表明，其整体的碳排用地发展还处于分散的指状式向外扩张状态，导致碳排用地形态呈指状分散式。

碳排用地结构方面，北部湾城市群碳排用地结构变化情况由景观指数中的丛生指数、相似邻近比指数、散布与并列指数、聚集度指数及连接度指数体现。以上 5 种景观指数主要用于反映同一斑块类型的聚集变化及连接蔓延变化情况。由北部湾城市群碳排用地的 5 种景观指数变化情况来看，5 种景观指数均呈现出逐年递增的趋势，其中丛生指数由 2000 年的 0.2784 增长为 2015 年的 0.3685，增加了 0.0901；相似邻近比例指数由 2000 年的 28.1616 增长至 2015 年的 37.4717，增加了 9.3101；散布与并列指数由 2000 年的 2.376 增长为 2015 年的 5.1938，增加了 2.8178；聚集度指数由 2000 年的 28.1958 增长至 2015 年的 37.5029，增加了 9.3071；连接度指数由 2000 年的 73.1448 增长至 2015 年的 90.4244，增加了 17.2796。丛生指数、相似邻近比例指数及散布与并列指数的变化表明北部湾城市群碳排用地发展相对聚集，说明规模总量上升同时带动聚集程度的提升，但三者的变化程度远远没有连接度指数数值逐年变化剧烈，间接说明北部湾城市群整体碳排用地发展蔓延程度更严重。同时连接度指数逐年剧烈上升，说明北部湾城市群碳排用地向外扩张结合着连带发展，与第二章中提到的指状扩张相契合。总而言之，北部湾城市群碳排用地结构变化情况随着时间推移，呈现为聚合度不高但连带发展的趋势，城市边缘向外衍生用地逐年增多。

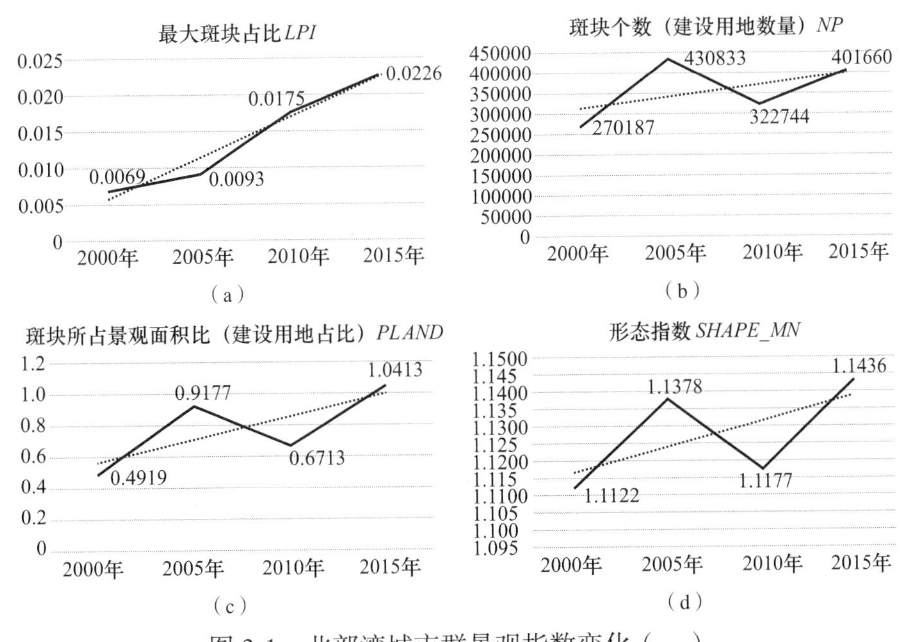

图 3-1 北部湾城市群景观指数变化（一）

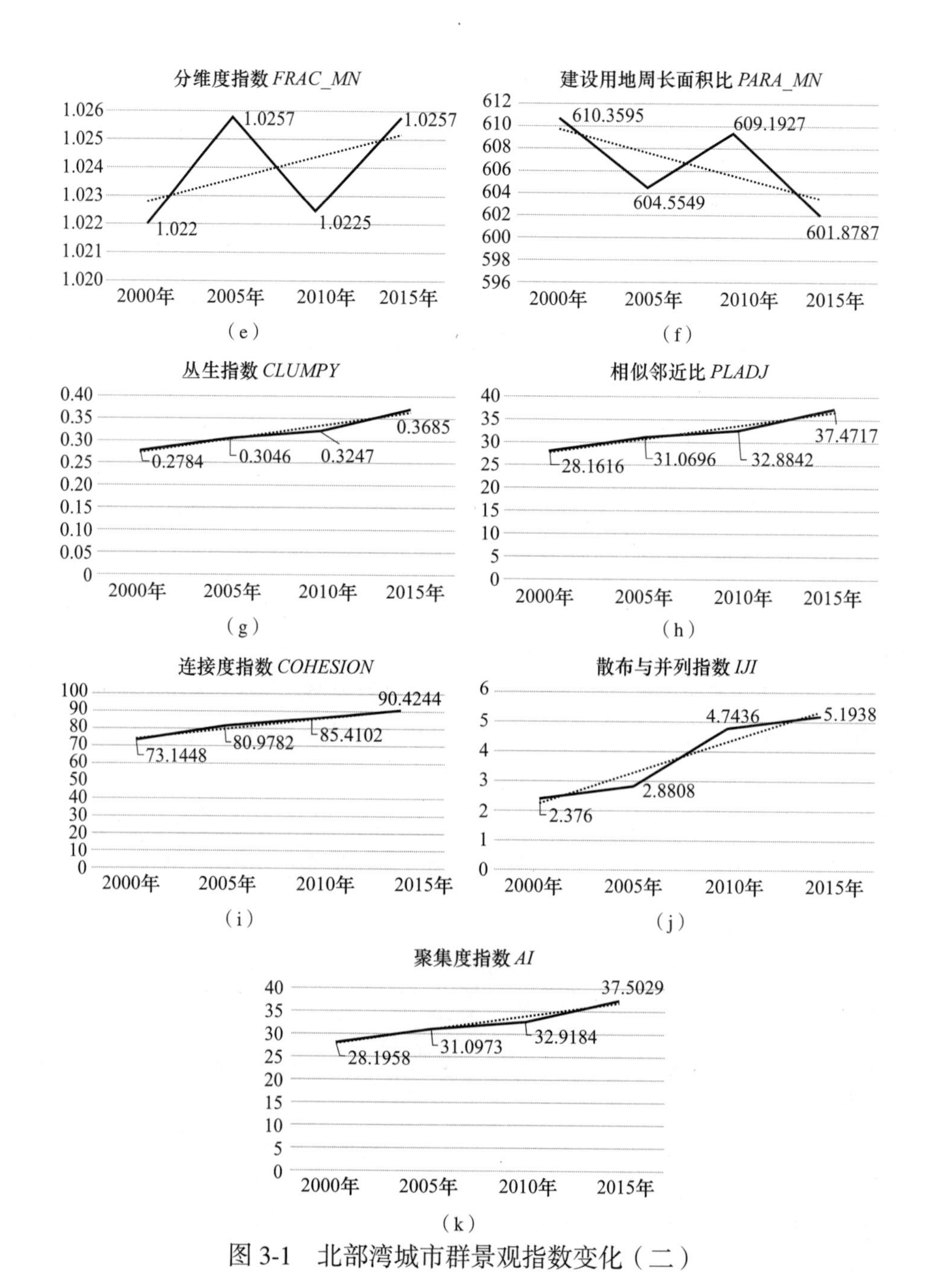

（e）（f）（g）（h）（i）（j）（k）

图 3-1　北部湾城市群景观指数变化（二）

第二节　碳汇空间演变机理分析

一、植被碳汇机理探讨

碳排是指自然界中向大气释放二氧化碳，碳汇则是指自然界回收大气中的二氧化碳。植被碳汇指植物吸收大气中的二氧化碳并将其固定在植被或土壤中，从而减少大气中二氧化碳的浓度。植被碳汇作为一种可循环的固碳方式，是控制和贮存二氧化碳最直接、经济和有效的方法，且碳汇量较大，碳汇优势明显。探讨植被碳汇的机理并增强植被碳汇能力有重要的意义。

在讨论植被碳汇机理之前应先对生态系统生产力相关概念进行解读，从而建立分析碳汇量与碳汇潜力的理论基础。于贵瑞等从生态系统物质生产和净物质积累的视角将生态系统生产力定义为单位时间内单位土地面积的植被通过光合作用形成的可利用生物量的生产能力。生产力短时间尺度的度量单位为 $gCm^{-2}s^{-1}$ 或 $gCO_2m^{-2}s^{-1}$，年尺度的度量单位常用 $tChm^{-2}yr^{-1}$ 或 $tCO_2hm^{-2}yr^{-1}$。其中，生态系统的生产力根据一定时间范围内不同生物呼吸过程的损失依次为：总初级生产力（gross primary productivity，*GPP*），净初级生产力（net primary productivity，*NPP*，扣除植物自身呼吸），净生态系统生产力（net ecosystem productivity，*NEP*，净初级生产力扣除土壤微生物异养呼吸），净生物群系生产力（net biome productivity，*NBP*，净生态系统生产力扣除有影响的动物呼吸）。不讨论动物呼吸及火灾、病虫灾害、采伐、放牧等其他自然人为活动影响因素，植被碳汇用地的碳汇过程只需考虑到第三个步骤，即可将 *NEP* 看作植被碳汇能力的体现（图 3-2）。*GPP* 指单位时间内绿色植物通过光合作用固定的有机碳量，又称植物总第一性生产力。*NPP* 表示植物所固定的有机碳中除去自身呼吸作用（*Ra*）的剩余部分，也称为植物第一性生产力。*NEP* 是指植物所固定的有机碳中除自身呼吸作用外还要扣除土壤和凋落物分解（*Rh*）的部分，各个概念之间的关系式如下：

$$NPP = GPP - Ra$$

$$NEP = NPP - Rh$$

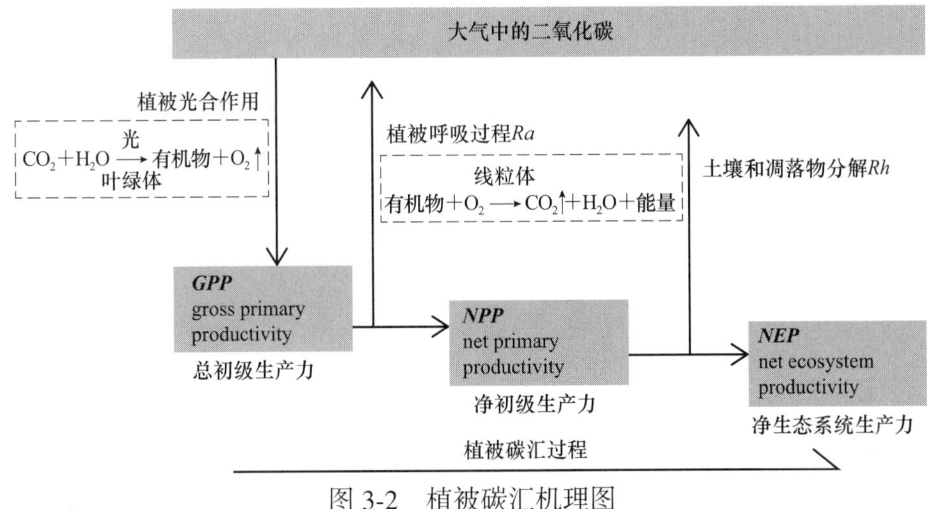

图 3-2 植被碳汇机理图

对于一年生植物，可将植被的年*NPP*值当作植被碳汇量。*NEP*是区域估算植被碳汇的重要指标。尽管*NEP*在区域尺度上不等于碳汇，但常常作为碳汇大小的量度。在不考虑其他自然和人为条件影响的前提下，植被碳汇可以表示为植被净初级生产力与土壤微生物呼吸碳排放之间的差值，即*NEP*。本章节研究选取*NEP*值体现碳汇量的变化情况。

二、碳汇量时空变化

*NPP*增长趋势及强度是影响生态系统碳汇的外部因素，确定森林生态系统*NPP*数值及变化趋势是模拟生态系统碳汇的关键。解译分析北部湾城市群2000—2015年的MODIS *NPP*数据，可以获得碳汇量的区域分布情况，叠加土地利用情况进行分析，可判断碳汇用地的碳汇量及变化趋势。

*NPP*数据获取与处理过程如下。遥感观测所得数据具有全覆盖、信息量大、更新较为迅速的特点，在反馈地表信息方面具有明显的优势。考虑到本书的研究区域为城市群，区域广且需要的数据具有时间连续性，故采用搭载在Terra卫星和Aqua卫星上的MODIS传感器的中分辨率成像光谱仪所反馈的遥感数据。Terra卫星是1999年12月18日发射的上午星；Aqua卫星是2002年5月4日发射的下午星，部分数据从发射至今仍可免费使用。MODIS的多波段数据可以反映地表的各类信息，且可提供长期观测数据，运用较为广泛（图3-3）。

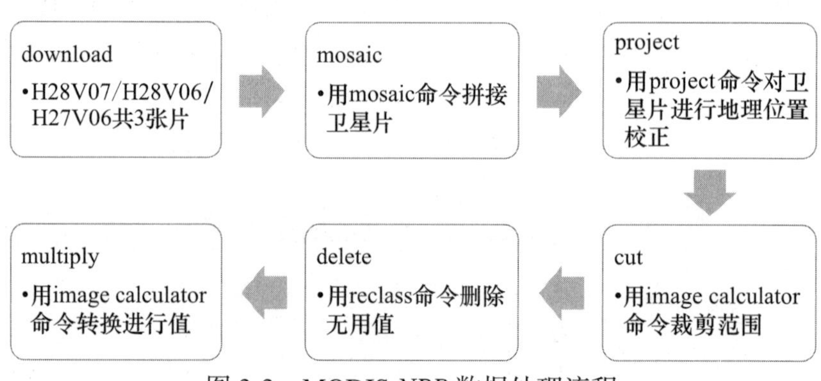

图3-3　MODIS *NPP*数据处理流程

本次研究选用陆地标准数据产品中的MOD17A3全球1km净光合作用8天合成产品。MOD17A3属于经过几何校正、辐射校正等处理合成过程的4级产品，基于BIOME-BGC模型计算出全球陆地植被净初级生产力年际变化数据。王军邦将中国植被*NPP*估算总结为统计模型、过程模型和光能利用率模型，并在对东北地区植被进行模拟后发现以BGC为主的过程模型更为稳定。具体来说MODIS *NPP*数据是陆地植被全年光合作用产生有机物扣除自养呼吸后的总量，其单位为 $kgCm^{-2}$，目前已运用于全球不同区域的生态环境监测、植被碳汇估算、植被生产力时空特征分析等方向，具有较高的应用价值。MODIS *NPP* 数据可通过 NASA 官方遥感影像数据下载网站直接下载获得，主要下载及处理流程包括：① 选取包含研究区域的卫星片（H28V07、H28V06、H27V06 共 3 张片），2000—2015 年共 16 年的数据；② 用 Idrisi 软件对每年的 3 张片进行拼接；③ 参照之前校正过的用地分布遥感数据，对 MODIS *NPP* 数据进行地理位置校正；④ 对地理校正过的卫星片进行范围的裁切，得到北部湾城市群 NPP 修正前分布图；⑤ 剔除无用填充值，将值为 32761～32767 范围内（其中：32761 为未分类土地类型，32762 为城镇建成区，32763 为永久湿地或淹没的沼泽地，32764 为常年积雪或覆盖冰的区域，32765 为贫瘠稀疏的地区，如岩石、苔原和沙漠，32766 为内陆淡水等覆盖区，32767 为其他情况填充值）的整数填充数据删除，避开不需要的数据；⑥ 根据官方网站给出的比例因子，乘以换算系数 0.0001，得到 *NPP* 准确单位值，最终得到北部湾城市群碳汇用地净初级生产力年值。

（一）时空分布情况

表 3-2 是北部湾城市群 2000—2015 年 *NPP* 年际统计值。2000—2015 年北部湾城市群 *NPP* 总量在 7.33×10^{16}～$17.9\times10^{16}gCm^{-2}a^{-1}$ 之间变动，2004 年以前总量都较高，2004—2015 年波动较小，趋势平稳。*NPP* 平均值与总量的变化趋势相仿，最大值是 2003 年，单位面积平均值为 $1821.26gCm^{-2}a^{-1}$，最小值是在 2005 年，单位面积平均值为 $592.38gCm^{-2}a^{-1}$。其中，2000—2003 年的 *NPP* 值整体处于较高水平，2004—2015 年的 *NPP* 值下降至前一阶段的二分之一（表 3-2，图 3-4、图 3-5）。

北部湾城市群 *NPP* 年际统计值表（单位：$gCm^{-2}a^{-1}$）　　表 3-2

年份（年）	最小值	最大值	平均值	总量
2000	22.45	2267.05	1183.12	14.6×10^{16}
2001	50.19	2534.70	1324.45	16.3×10^{16}
2002	50.09	2529.65	1232.14	15.2×10^{16}
2003	52.20	2636.20	1821.26	17.9×10^{16}
2004	15.21	1521.20	684.36	8.47×10^{16}
2005	25.91	1295.60	592.38	7.33×10^{16}
2006	14.38	1452.28	633.96	7.84×10^{16}
2007	27.73	1400.16	687.32	8.50×10^{16}

续表

年份（年）	最小值	最大值	平均值	总量
2008	25.95	1310.68	650.75	8.05×10^{16}
2009	29.66	1497.73	720.59	8.91×10^{16}
2010	13.22	1335.12	655.83	8.11×10^{16}
2011	14.50	1450.10	626.00	7.74×10^{16}
2012	28.38	1432.99	719.46	8.90×10^{16}
2013	28.30	1429.05	719.00	8.89×10^{16}
2014	30.38	1534.09	671.55	8.31×10^{16}
2015	29.69	1499.14	678.22	8.39×10^{16}

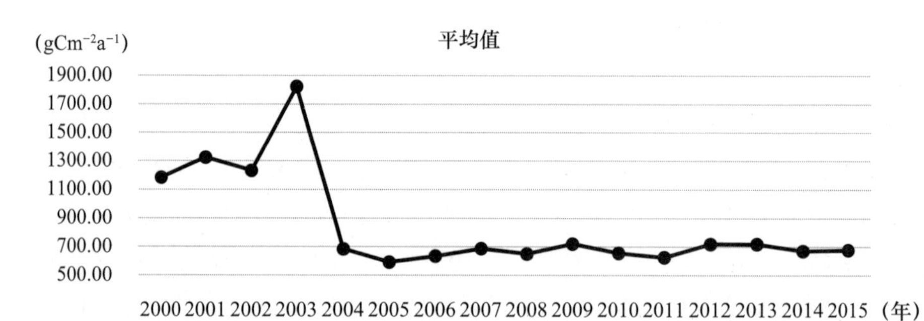

图 3-4　2000—2015 年北部湾城市群 *NPP* 平均值变化趋势图

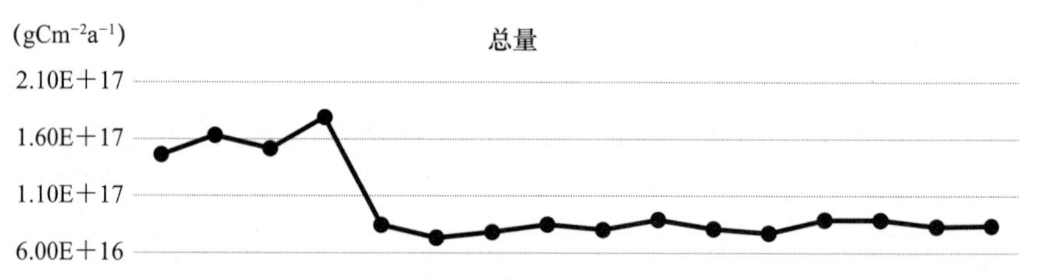

图 3-5　2000—2015 年北部湾城市群 *NPP* 总量变化趋势图

（二）时空变化规律

北部湾城市群 *NPP* 数据已获取，而 *NEP* 数据则需确定土壤微生物呼吸值（*Rh*）后计算。本章节采用裴志永等总结的经验模型计算 *Rh*。裴志永团队在探讨碳排放与环境因子的关系时，建立了温度、降水这 2 个常规气象数据与碳排放的回归方程，以此估算土壤微生物呼吸值。气象数据来源于中国气象科学数据共享服务网，选取中国地面国际交换站气候资料日值数据集（V3.0）中的气温、降水量日值数据，利用空间差值法可得到北部湾城市群土壤微生物呼吸值的分布状况。将初级生产力年值减去土壤微生物呼吸年值便得到净生态系统生产力年值，选取 2000 年、2005 年、2010 年、2015 年 4 个时间节点的数据进行展示分析。具体公式如下：

$$Rh = 0.22 \times [\exp(0.0913T) + \ln(0.3145R + 1)] \times 30\% \times 46.5\% \quad (3\text{-}1)$$

式中 T——温度，℃；

R——降水，mm；

Rh——土壤微生物呼吸值，$gCm^{-2}a^{-1}$。

分析整理北部湾城市群 2000—2015 年的净生态系统生产力数据不考虑其他自然和人为干扰因素，将 *NEP* 表示为植被碳汇（表 3-3）。结果显示，2000 年北部湾城市群植被碳汇平均值最高，达 209.31$gCm^{-2}a^{-1}$，区域范围内最低值为 −294.0$gCm^{-2}a^{-1}$，最大值为 1978.28$gCm^{-2}a^{-1}$；2005 年北部湾城市群植被碳汇平均值最低，低至 63.96$gCm^{-2}a^{-1}$，区域范围内最小值为 −301.53$gCm^{-2}a^{-1}$，最大值为 970.71$gCm^{-2}a^{-1}$；2010 年北部湾城市群植被碳汇平均值为 78.48$gCm^{-2}a^{-1}$，最小值为 −360.81$gCm^{-2}a^{-1}$，最大值为 1001.83$gCm^{-2}a^{-1}$；2015 年北部湾城市群植被碳汇年均值为 80.76$gCm^{-2}a^{-1}$，区域最小值为 −387.83$gCm^{-2}a^{-1}$，最大值为 1096.29$gCm^{-2}a^{-1}$。可以看出，4 个时间点北部湾城市群的碳汇均值远远大于 0，故整体表现为碳汇。2000 年北部湾城市群植被碳汇量均值最高，至 2005 年骤降，而从 2005—2015 年变化较为平稳；碳汇量最小值从 2000—2015 年不断减小，而碳汇量最大值与平均值变化趋势相同。气象数据显示，2000—2015 年的气温与降水量变化不大，说明在 2000—2005 年，城市开始外向扩张发展，大片森林遭到破坏，导致碳汇量大大下降。

北部湾城市群 2000—2015 年碳汇量变化表（单位：$gCm^{-2}a^{-1}$）　表 3-3

年份（年）	最小值	最大值	平均值
2000	−294.03	1978.28	209.31
2005	−301.53	970.71	63.96
2010	−360.81	1001.83	78.48
2015	−387.83	1096.29	80.76

（三）现状格局分析

在整体碳汇格局上，对北部湾城市群碳汇用地格局现状进行具体分析。为从整体空间格局上总结碳汇量分布特征，采用自然间断点分级法和相关文献对 2015 年北部湾城市群碳汇量数据进行分区（附录图 2），负值区即碳排区，自然的间断与林、草等具体碳汇值为碳汇低、中、高的区分标准。共分为碳排区（−387.9～0$gCm^{-2}a^{-1}$）、低汇区（0～298.8$gCm^{-2}a^{-1}$）、中汇区（298.9～537.6$gCm^{-2}a^{-1}$）、高汇区（537.6～1096.3$gCm^{-2}a^{-1}$）。高汇区主要集中于几大山脉片区，而盆地、平原地区的碳汇量较低。高山区以林地为主，说明林地的碳汇量高，其次为高山草地。中部的盆地和平原植被以草地、灌木、农田为主，碳汇能力低于林地。其中，城市分布的地带及沿海边缘区的*NEP*值低于0，表现为碳源区。

总体来看碳汇量分布与地形分布具有较大的相关性，与高程分布较为相似，由山地向平原呈阶梯状分布。此外，碳汇量分布与具体用地类型也存在一定的关系：碳排区为低海拔的城镇建设用地、水域、部分沿海地区，低汇区为低海拔的农田草地，中汇区为中海拔的灌木、草地，高汇区基本为山林地（表3-4）。北部湾城市群的自然地理分布特征对其*NPP*的分布格局产生较大的影响。高碳汇地区的海拔均较高；山区海拔越高*NPP*的值越大。除了地理气候条件外，高山区交通不便，受到人类活动影响较少，且植被茂盛，基本为原生植被，区域整体性强，有利于植被的生产代谢。*NPP*低值区主要分布于盆地、平原、沿海地带，其中最低值分布于城市、乡村及周边范围，此区域的人类活动较为剧烈、频繁，植被覆盖较低且多为次生植被，景观整体受到割裂，故*NPP*的值相对较低。

北部湾城市群碳汇分区特征表 **表3-4**

碳汇分区	碳汇量区间（$gCm^{-2}a^{-1}$）	地形	用地类型
碳排区	−387.9～0	低海拔的平原、盆地	建设用地、水域、沿海滩涂
低汇区	0～298.8	低海拔的平原、盆地	草地、农田
中汇区	298.9～537.6	中海拔的山地、丘陵	灌木、草地
高汇区	537.6～1096.3	高海拔的山地	林地

局部碳汇布局方面，结合上述北部湾城市群的碳汇量分布图（附录图2），对北部湾城市群的碳汇用地现状布局情况进行分区细致比对（表3-5）。

北部湾城市群现状碳汇用地布局总结表 **表3-5**

类别	布局特征	形态示意	碳汇量	现状布局描述	对应地区
存在问题布局	①外环状	外围碳汇用地 城市建设用地	整体较低	碳汇用地碳排用地分隔较为明显； 碳汇用地基本呈外环状包围城市； 内部缺乏大片或者连贯的碳汇用地	南宁市及周边区域

续表

类别	布局特征	形态示意	碳汇量	现状布局描述	对应地区
存在问题布局	② 零星小斑块	零碎碳汇用地 城市建设用地	整体偏低	城市内部仅有部分零碎的碳汇用地，以草地、灌木为主	阳江市所在片区
	③ 成片农田	农田 城市建设用地 海岸	整体较低	城市外围大片农田，缺少林地、灌木等碳汇能力较强的碳汇用地	雷州市及周边区域
	④ 带状未利用地	城市建设用地 碳汇用地 未利用地 海岸	整体较低	沿海区域出现连片未利用地； 沿海及城市内部缺少林地	北海市、钦州市、防城港市沿海片区
	⑤ 林地聚集块	块状密集林地	严重偏低	块状林地密集，缺少其他碳汇用地的镶嵌	南宁市马山县西南部地区
良好布局形态	① 碳汇用地通廊	外围碳汇用地 带状林地走廊 城市建设用地	相比其他城市较高	带状林地走廊贯穿城市内部，外围大量碳汇用地	崇左市
	② 均匀较大碳汇斑块	大斑块碳汇用地 建设用地	整体较高	城市内外均分布大量大斑块林地、灌木	玉林市

三、碳汇空间效益影响机理

净生态系统生产力 *NEP* 指生态系统净碳累计速率，在目前全球环境变化背景下，净生态系统生产力可以作为判断生态系统碳源 / 碳汇状态的指标。故在讨论碳汇影响因素时，从净生态系统生产力的变化出发，判断其受影响过程与受影响程度。在植被碳汇过程中，实际影响碳汇量的过程主要包括以下 4 个方面：首先是光合作用与生产力形成过程，这是植被总初级生产力（*GPP*）合成的过程；其次是植物、动物和微生物呼吸过程，上一部分除去呼吸作用得到净初级生产力（*NPP*）；再者是凋落物分解、矿化和腐质化过程，上一过程除去异氧呼吸得到净生态系统生产力（*NEP*），即判断碳汇量的指标；最后，还包括生态系统的有机质输入与输出过程。

在上述碳汇的过程中，会有很多自然和人工影响要素，其中自然要素主要包括自然气候条件、土壤、自然灾害、地形地貌、空间组成、植被状态等，人工要素主要包括人类活动、区域综合管理、土地利用或土地覆盖变化等。由于在一个生态系统中，各个要素是相互关联的，故影响因素通常也不是独立作用，而是交互对生态系统的碳汇效益产生影响。自然气候条件中降水对于生态系统碳汇有直接的影响，全球超过一半的 *NPP* 受水分可利用性的限制，此外温度和碳浓度也对碳汇碳排有一定的反馈作用，但具体的正面或者负面作用要根据具体数值来决定；一些异常气候变化以及自然灾害的发生对生态系统平衡造成一定的破坏，从而对碳汇产生负面影响；土壤对碳汇的影响主要在于氮沉降或添加，氮沉降驱动生态系统的生产力；地形地貌中的坡度、坡向、海拔等都对植被的分布、生长、生产力有一定的影响，从而间接影响碳汇量；空间组成指植被的群落构成以及空间形态，植被的群落搭配、植物密度、空间分布等都影响植物的生产力，从而影响碳汇效益；植被状态包括植被类型、树龄，不同的植被类型碳汇能力存在明显的差异，中龄林生态系统的固碳能力最高。在人工要素方面，人类的生产生活方式对生态环境造成一定的干扰，植被的碳汇能力也会受到影响；相反，适当的区域综合管理例如植树造林、退耕还林、生态功能区划等，有利于保护环境和土地利用管理，进而促进碳汇；土地利用或覆盖变化造成用地类型改变，由于不同用地类型的碳汇能力不同，从而造成碳汇变化。以上所有的碳汇影响因素都贯穿植被生态系统生产力合成过程，最终影响碳汇。

由于北部湾城市群是人工划分的较为特殊的沿海城市群，故在筛选空间要素时需要了解城市群整体碳循环过程（附录图 3），并明确各个空间要素在碳循环中的作用方式，最终筛选得到有研究意义的空间影响因素。参考陆地生态系统碳循环、海洋生态系统碳循环、区域碳循环和与人为扰动相关的全球碳循环和流量，对不同研究范围的碳循环过程进行表达，绘制出沿海城市群碳循环与空间影响因素示意图（附录图 4）。综合罗列的碳汇影响因子，归纳总结与空间相关的影响因素得到地理空间格局、碳汇用地类型、碳汇用地形态共 3 类。地理空间格局是一个区域既定的空间基底，综合水、温、光、热、土等条件在一定程度上对植被的生长分布产生影响，从而影响碳汇量。碳汇用地类型以植被的覆盖情况进行划分，同时也与人为活动的干扰密切相关。不同的植被碳汇能力不同，故碳汇量也有差异。碳汇用地形态从本质上也是通过植被生产力对碳汇量产生一定影响。

在地理空间格局方面，高程、坡度、坡向、沿海等地理条件是影响植被碳汇能力的重要空间因素。其中坡向决定了降水和辐射，从而影响植被的碳汇量；坡度的大小作用于土壤的渗透能力，从而影响植被的碳汇；根据前文对北部湾城市群地形分析以及碳汇量分析，高程越高的地段碳汇量值越高，因此，高程对碳汇用地的碳汇效益具有一定的影响。但具体的相关性需要后续进行分析才能得到较为科学的答案。

在碳汇用地的形态格局方面，无疑碳汇用地面积越多碳汇量越大，但是如何能在有限的空间范围内保证一定面积的碳汇用地碳汇效益增加，才是本研究的意义所在。伴随北部湾城市群的碳汇用地变化，各项景观格局指数显示其景观格局也发生了变化。若北部湾城市群的景观格局指数与碳汇量存在一定的相关性，说明碳汇用地的形态确实影响碳汇效益，那么确定较优碳汇用地的形态则有利于增强碳汇效益。

上述是根据北部湾城市群碳汇用地变化情况、碳汇量的变化情况、景观生态格局、地形地貌条件前期数据的分析，初步判断并筛选出的对北部湾城市群碳汇效益产生影响的空间要素，包括：高程、坡度、坡向、沿海、碳汇用地类型、碳汇用地空间分布、碳汇用地形态格局。后文将结合北部湾城市群的实际数据，定量确定上述空间影响因素与碳汇量的相关关系，用于指导优化碳汇用地空间布局。碳汇量的大小可以反映碳汇效益的优劣，因此，后文均以北部湾城市群的碳汇量作为衡量碳汇效益的指标进行相关性分析。

（一）地理空间格局对碳汇效益的影响

（1）高程与碳汇效益

在进行高程与碳汇效益相关性分析时，选取北部湾城市群的高程数据与北部湾城市群 2000 年、2005 年、2010 年和 2015 年的碳汇量分布数据两个变量，采用 Pearson 相关系数法。分析发现 0～1500m 总体范围内北部湾城市群的高程与碳汇量存在显著正相关的关系，置信水平在 0.01，相关系数在 0.523～0.562 之间，其中高程与 2000 年、2005 年、2010 年、2015 年碳汇量的相关系数分别为 0.530、0.562、0.540、0.523。以 2015 年为例（表 3-6、图 3-6），图中横坐标为北部湾城市群高程值，纵坐标为北部湾城市群碳汇量，在不考虑植被类型的情况下，北部湾城市群范围内植被碳汇量随高程上升而增加。本次相关性分析结果也印证了既有结论：高程越高，受人为干扰的机会和程度越小，植被生长时间越长，生物量越大，碳汇量越高。但是可以看出不同海拔高度的碳汇量分布趋势不同，因此，下面将高程从小至大分为 4 个区间分别进行相关性分析：0～250m、250～500m、500～750m、750m 以上（表 3-7）。当高程处于 0～250m 范围内，高程与碳汇量相关系数为 0.378～0.495，在 0.01 水平（双侧）上显著相关；当高程范围为 250～500m，相关系数只有 −0.018～0.078，表明在此范围高程与碳汇量没有明显相关性；当高程范围为 500～750m，高程与碳汇量在 2015 年在 0.05 水平上相关，相关性为 0.303，而其他年份的相关性较低；当高程为 750m 以上时，碳汇量与高程的负相关性都在 0.6 以上，在 0.05 水平上呈显著负相关性。

高程与碳汇量相关性分析表（2015 年） 表 3-6

		NEP	DEM（数字高程模型）
NEP	Pearson 相关性	1	0.523**
	显著性（双侧）		0.000
	N	1000	1000
DEM（数字高程模型）	Pearson 相关性	0.523**	1
	显著性（双侧）	0.000	
	N	1000	1000

注：** 表示在 0.01 水平（双侧）上显著相关。

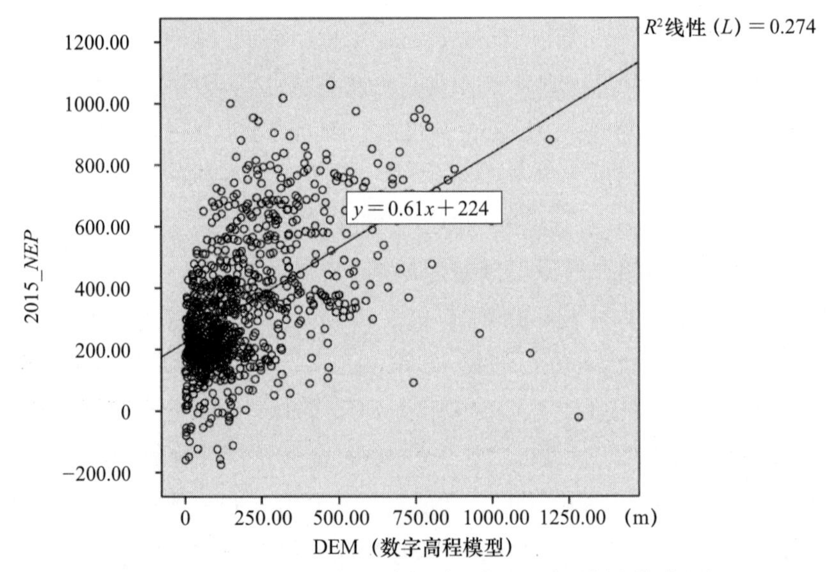

图 3-6 北部湾城市群高程与碳汇量相关性散点图

根据上述分阶段的相关性分析，可以初步判断出碳汇量随着高程的上升呈现不同的变化趋势。在 0～250m 范围内，碳汇量随着高程的上升而呈增加趋势；在 250～750m 范围内，碳汇量的变化与高程关系不大；而在 750m 以上的高程范围，碳汇量随着高程的上升反而呈降低趋势。将采样点按照高程分类并提取每年碳汇量的均值，发现高程越高碳汇量均值越大（表 3-7、表 3-8）。

高程与碳汇量相关性汇总表 表 3-7

高程范围（m）	年份（年）	0～1500	0～250	250～500	500～750	750 以上
相关系数	2000	0.530	0.494	−0.018	0.164	−0.601
	2005	0.562	0.495	0.016	0.231	−0.620
	2010	0.540	0.445	0.034	0.170	−0.647
	2015	0.523	0.378	0.078	0.303	−0.645

同高程范围碳汇量均值表 表 3-8

高程（m）	年份（年）	0～250	250～500	500～750	750 以上
碳汇量均值（$gCm^{-2}a^{-1}$）	2000	793.14	1183.24	1234.85	1236.09
	2005	242.94	458.06	497.83	530.94
	2010	289.64	499.15	541.88	608.15
	2015	275.73	493.86	563.25	624.75

（2）坡度与碳汇效益

坡度与碳汇量相关性分析方面，同样选取北部湾城市群的坡度分布图与碳汇量分布图进行相关性分析，以 2015 年为例（表 3-9、图 3-7），图 3-7 横坐标为北部湾城市群坡度值（*SLOPE*），纵坐标为 2015 年北部湾城市群碳汇量值。从图表中可以明显看出，2015 年碳汇量与坡度在 0.01 水平上呈显著的正相关性，随着坡度增加，碳汇量呈增加的趋势（表 3-10）。坡度一般分为 0°～2°、2°～6°、6°～15°、15°～25°、25° 以上这 5 个级别。根据北部湾城市群的坡度分布可以明显看出 15°～25° 及以上的坡度分布极少，因此，本次采样点坡度值基本分布于 15° 以内。结合坡度分级标准以及采样分布情况，对北部湾城市群坡度与碳汇量的相关性分析进行分级讨论，分别对 0°～6° 和 6°～15° 两级进行分析，分析结果见表 3-11。当坡度为 0°～6°，碳汇量与坡度在 0.01 水平上呈正相关，相关系数为 0.459～0.503；当坡度为 6°～15°，碳汇量与坡度的相关系数仅为 0.1 左右，并无显著相关性。

北部湾城市群坡度与碳汇量相关性分析表 表 3-9

		2015_*NEP*	坡度（*SLOPE*）
NEP	Pearson 相关性	1	0.509**
	显著性（双侧）	—	0.000
	N	1000	1000
坡度（*SLOPE*）	Pearson 相关性	0.509**	1
	显著性（双侧）	.000	—
	N	1000	1000

注：** 表示在 0.01 水平（双侧）上显著相关。

整体来说北部湾城市群的碳汇量与坡度正相关，产生此相关性的原因如下：随着坡度的增大，受人为干扰的机会和程度减小，植被多保持自然状态，植被生长时间长，整体生物量大，故碳汇量较高。北部湾城市群在 6° 以内随着坡度增加碳汇量呈增加趋势，而超过 6° 后，碳汇量与坡度变化无关。将采样值分类后发现，6°～15° 坡度范围内碳汇量均值最高，而 0°～2° 范围内碳汇量均值较低（表 3-11）。

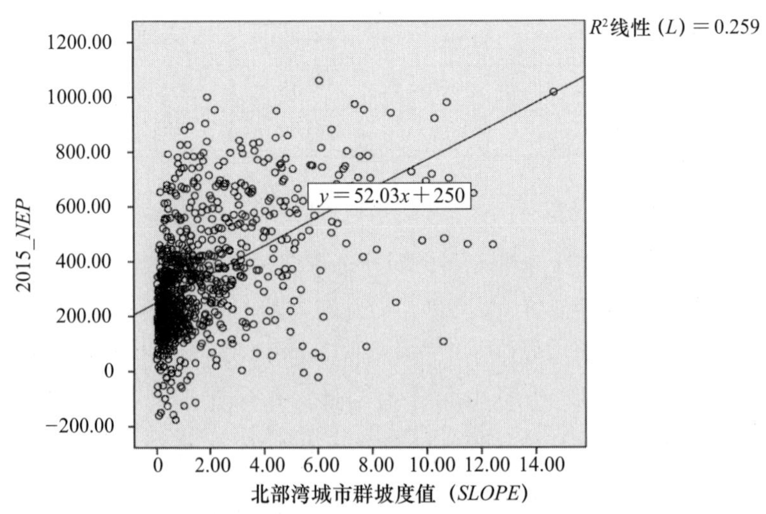

图 3-7　北部湾城市群坡度碳汇量相关性散点图

北部湾城市群坡度与碳汇量相关性分析表　　表 3-10

坡度（°）	年份（年）	0°～15°	0°～6°	6°～15°
相关系数	2000	0.470	0.459	0.082
	2005	0.535	0.503	0.168
	2010	0.514	0.492	0.067
	2015	0.509	0.459	0.128

北部湾城市群不同坡度范围碳汇量均值表（单位：$gCm^{-2}a^{-1}$）　　表 3-11

坡度（°）	年份（年）	0°～2°	2°～6°	6°～15°
碳汇量均值	2000	734.28	1080.26	1289.67
	2005	247.66	418.86	547.27
	2010	291.93	470.56	590.96
	2015	279.29	460.12	621.90

（3）坡向与碳汇效益

坡向与碳汇量相关性分析方面，选取北部湾城市群坡向分布与 2000 年、2005 年、2010 年、2015 年碳汇量分布数据进行分析，2000—2015 年的北部湾城市群坡向与碳汇量的相关系数分别为：0.016、0.030、0.009 和 0.029，以 2015

年分析结果为例（表 3-12），北部湾城市群的碳汇量与坡向无明显相关性。随着坡向度数的增加，坡向的方向发生变化，分不同坡向进行相关性分析后发现每组分析结果也没有出现显著的相关性，故北部湾城市群的碳汇量与坡向无显著相关性。将采样点分 9 个坡向进行归类，取碳汇量均值后，发现碳汇量均值较高的坡向为西北向、东向、西南向，而碳汇量较低的坡向为东南向、北向（表 3-13）。阳坡方向为南、西南、西、西北，一般情况下阳坡面的植被生产力高于阴坡面，而北部湾城市群的东向碳汇量也较高，是由于坡向对植被生产力的影响来源于光照、温度、雨量、风速、土壤质地等因子的综合作用，所以不同区域的坡向对于碳汇量的影响存在差异。

北部湾城市群坡向与碳汇量相关性分析表（2015 年）　　表 3-12

		NEP	*POXIANG*
NEP	Pearson 相关性	1	0.029
	显著性（双侧）		0.391
	N	900	900
POXIANG	Pearson 相关性	0.029	1
	显著性（双侧）	0.391	
	N	900	900

北部湾城市群不同坡向范围碳汇量均值表（单位：$gCm^{-2}a^{-1}$）　　表 3-13

年份（年）＼坡向		北	东北	东	东南	南	西南	西	西北	北
		0°～22.5°	22.5°～67.5°	67.5°～112.5°	112.5°～157.5°	157.5°～202.5°	202.5°～247.5°	247.5°～292.5°	292.5°～337.5°	337.5°～360°
碳汇量均值	2000	841.60	872.00	930.47	877.78	908.93	939.11	875.33	895.52	878.54
	2005	283.18	290.11	320.00	281.55	292.92	323.08	283.80	312.50	308.48
	2010	329.24	339.52	367.31	330.50	344.89	365.72	334.32	355.96	328.39
	2015	316.57	328.61	350.34	315.26	332.81	349.16	331.56	358.82	326.03

（二）近海格局与碳汇效益

北部湾城市群与其他内陆城市群的不同之处在于地理位置比较特殊。作为湾区城市群，北部湾城市群在东南部有较长的海岸带。而海岸带，特别是河流海域交汇处，拥有充足的光照、含氧量、水温和底部通过水动力运送的较为丰富的有机质，包含生产力较强的生态系统，为碳汇创造了良好的条件。海草床和红树林等植物具有较高的碳汇效益，组成海岸带的重要碳汇用地。

研究发现处于低海拔地区但有机质含量高的海岸带地区的碳汇量整体并不比内陆平原地区的碳汇量高，甚至出现了负值。且东方市至儋州市沿海、电白至阳西阳东区、海陵岛、吴川至电白南部沿海、北海沙田镇沿海半岛、茅尾海南部沿岸、防城港港口南部沿岸这些地区的碳汇量较高。将北部湾城市群碳汇量分布图与植被类型分布图进行综合叠加对比（附录图 5），分析得到产生上述现象的原因：① 人类活动影响。人工改造阻隔海岸带，例如沿海扩张建设用地、依海建设农田，导致原本充满植被的海岸带断裂萎缩。② 沿海地区原有滩涂裸露。③ 碳汇用地的类型与分布差异。植被类型越丰富多样，碳汇量相对越高。上述海岸带的高汇区植被多以林地为主，特别是红树林。综上，对北部湾城市群近海地区用地空间的优化指导建议如下：① 控制城市的沿海延伸，提倡有节制地外延和内伸，减少对海岸带的干扰；② 农田向内陆迁移，一方面减少对海岸带的侵占，另一方面通过林地的净化修复功能减少对近海区域水质的破坏；③ 修复海岸带碳汇用地，通过增植沿海基干林，起到增汇、固土、修复的多重生态作用。

通过分析北部湾城市群碳汇量与地理空间格局的相关性，得到如下结论：北部湾城市群的碳汇量与高程有显著的线性相关关系，高程越高碳汇量越大；北部湾城市群碳汇量与坡度也存在显著的正相关关系，在 6° ～15° 范围内碳汇量均值较高；北部湾城市群碳汇量与坡向无明显相关性，但在西北向、东向、西南向，碳汇效益较高；近海格局增加植被有利于增汇。

结合北部湾城市群的地理空间格局基底及其与碳汇量分布的关系，以减少人类活动干扰为出发点，提出以下增汇优化导向：将高海拔区域的城市迁移至低海拔的低汇区且靠近水域；沿海地区农田向内陆迁移，并增加沿海基干林带（附录图 6）。高海拔区适宜植被的生长且基本为高碳汇区，不宜建设城镇以及人类过多活动干预，故建议将城市迁移至低碳汇区，且临近赖以生存的水域，与此同时城镇体系在空间格局上趋于收缩，缩短了交通流，益于减排。沿海地区适宜进行增汇保护，不宜人类活动的肆意扩张、破坏，以增植沿海基干林为佳。

（三）碳汇用地类型对碳汇效益的影响

已有众多学者结合自身研究范围，估算了不同植被的碳汇，如方精云、郭兆迪等对 1981—2000 年的中国陆地植被碳汇进行估算后发现森林的年均碳汇为 0.075PgC/a，草地的年均碳汇为 0.007PgC/a，灌丛的年均碳汇为 0.014～0. 024PgC/a。由于研究范围和研究对象不完全相同（研究范围主要指地域范围和时间范围，研究对象指植被的选取与分类），故其他学者关于植被碳汇能力的现有研究结论可以作为参考但不适合直接运用。

本章节的研究对象为碳汇用地，共分为 5 个小类。在分析碳汇用地类型与碳汇效益相关性时选取各类用地的单位面积碳汇量作为判断碳汇能力的指标。以2000年、2005年、2010年、2015年4个年份的北部湾城市用地分布图和*NEP*分布图为基础数据，先分别筛选出不同年份5类用地，再与*NEP*分布图相裁切叠合，最后分析提取碳汇量数据，得到不同年份各类碳汇用地的单位面积碳汇量（表3-14）。从表中可以明显看出不同年份的各类用地碳汇能力分布是类似的，其中2015年碳汇能力最大的是林地，单位面积碳汇量为372.22gCm^{-2}a^{-1}，碳汇能力最小的是水域，单位面积碳汇量为202.27gCm^{-2}a^{-1}，其他碳汇用地单位面积碳汇量从大到小依次为：灌木273.28gCm^{-2}a^{-1}、草地247.27gCm^{-2}a^{-1}、未利用地207.38gCm^{-2}a^{-1}。4个年份的各类用地碳汇能力具体数值虽然不同，例如2000年的碳汇量整体最高而2005年的碳汇量整体最低，但碳汇用地的碳汇能力相对大小是保持一致的，碳汇能力从大到小依次为：林地＞灌木＞草地＞未利用地＞水域。

不同年份各类碳汇用地单位面积的碳汇量表　　表3-14

用地类型 / 碳汇量（gCm^{-2}a^{-1}） / 年份（年）	水域	林地	灌木	草地	未利用地
2000	202.27	372.22	273.28	247.27	207.38
2005	195.86	391.89	259.86	236.59	207.13
2010	173.48	335.12	225.61	221.50	189.79
2015	601.85	1011.56	756.01	709.77	620.20

本章节以单位面积碳汇量为依据，将研究范围内的碳汇用地类型与*NEP*一一对应，提取分析碳汇量，发现不同碳汇用地的碳汇效益明显不同。虽然不同年份不同类型的单位面积碳汇量数值不同，但不同碳汇用地碳汇能力的大小顺序不随时间的变化而变化，具体结论如下：林地的碳汇能力最高，其次是灌木与草地，最后是未利用地与水域。基于此结论，若从改变碳汇用地类型入手提升碳汇量，则将所有碳汇用地转化为林地时碳汇量最高。但在实际条件下要保证生态系统的稳定性与完整性，所以应先从低汇区入手，有限地调整用地类型来达到增汇目的。北部湾城市群碳汇量与用地分布显示：低汇区基本为大片农田和内部少有林地的草地。对于此现状，提出以下低汇区碳汇用地增汇的优化导向：低效农田退耕还林；在成片的农田或者草地内部增加具有高碳汇效益的林带，且布局垂直于主导风向，从而提升农田片区的整体碳汇水平（附录图7）。

（四）碳汇用地形态格局对碳汇效益的影响

在进行碳汇用地形态格局与碳汇效益相关性分析时，选取碳汇用地的景观格局指数作为形态格局分析指标，碳汇量作为碳汇效益衡量指标，判断两组数据有无关系。北部湾城市群的范围较大，在分析时依据县级以上的行政界线划分出 15 个市县；在年份选取方面，对照碳汇量数据和用地解译数据，选择 2000 年、2005 年、2010 年、2015 年 4 个年份进行分析，共获得 60 组数据，数据量相对丰富，有助于得出较为准确的分析结果。在用地形态指标选取方面，从景观水平和类型水平 2 个方面进行分析。去除明显不相关数据后，得出相关性表格（表 3-15）。

北部湾城市群碳汇用地景观格局指数与碳汇量相关性表　　表 3-15

研究对象	景观格局指数	Pearson 相关性	显著性
整体碳汇用地	*SHAPE_MN*	0.432	0.01
	FRAC_MN	0.354	0.01
	IJI	−0.493	0.01
	CONTIG_MN	0.221	—
林地	*PD*	0.288	0.05
	FRAC_MN	0.286	0.05
	IJI	−0.650	0.01
灌木	*PLAND*	0.624	0.01
	SHAPE_MN	0.579	0.01
	CONTIG_MN	0.536	0.01
	COHESION	0.556	0.01
	DIVISION	−0.318	0.05
	AI	0.640	0.01
草地	*AI*	−0.178	—
	CLUMPY	−0.186	—
未利用地	*PD*	0.384	0.01
	LSI	0.266	0.05
	IJI	−0.524	0.01
	PLAND	0.257	0.05

从景观水平上看，北部湾城市群整体碳汇与用地的形态指数（*SHAPE_MN*）分布、分维度指数（*FRAC_MN*）分布呈显著的正相关关系，Pearson 相关系数分别为 0.432 和 0.354，表明越复杂和不规则的用地分布越利于碳汇；碳汇量与散布与并列指数（*IJI*）呈显著负相关关系，表明用地的邻接越复杂碳汇量越高，这也从侧面反映了用地的复杂与不规则性对碳汇量的正面作用；邻近指数

（*CONTIG_MN*）分布虽然与碳汇量的相关性不显著，但也能体现空间上连通性对碳汇效益的促进作用。景观类型水平的相关性分析结果反映了 4 类碳汇用地增汇目标下的不同空间布局趋向。林地的碳汇量与斑块密度（*PD*）、分维度指数（*FRAC_MN*）呈显著正相关关系，相关系数分别为 0.288 和 0.286，而与散布与并列指数（*IJI*）呈更为显著的负相关关系，表明林地空间形态越复杂、聚集、邻接不均匀，碳汇量越高。灌木用地碳汇量与多个景观格局指数存在相关性，其中碳汇量与景观分割指数（*DIVISION*）的负相关性、与聚集度指数（*AI*）的正相关性均表明灌木用地聚集性对碳汇量的积极影响；碳汇量与邻近指数（*CONTIG_MN*）分布、整体性指数（*COHESION*）的正相关性表明增加用地的连接度可提升碳汇量；斑块占景观面积比（*PLAND*）和形态指数（*SHAPE_MN*）分布与碳汇量的正相关性说明景观越丰富、用地形态越复杂则碳汇量越高。草地的碳汇量虽然与景观格局指数无明显的相关性，但聚集指数（*AI*）和聚类指数（*CLUMPY*）都表明草地空间分布越分散碳汇量越高。未利用地相关性结果中，斑块占景观面积比（*PLAND*）、景观形状指数（*LSI*）、斑块密度（*PD*）均与碳汇量呈显著正相关，散布与并列指数（*IJI*）则相反，此结果表明未利用地空间形态越复杂、聚集、邻接不均匀，越有利于碳汇。

根据上述北部湾城市群碳汇用地碳汇量与景观格局指数相关性分析，可以明显发现碳汇量与在景观水平上反映用地形态、聚散性方面的景观格局指数有显著相关性；与景观类型水平中的用地形态、聚散性、面积—边缘等相关指标也具有显著相关性。不同区域不同的环境特征导致用地形态格局与碳汇量的关系存在空间差异性，为进一步确定北部湾城市群碳汇用地形态格局的优化方向，便于后续提出较为合理的优化方案及管理措施，特对北部湾城市群碳汇量与用地形态格局的相关性进行归纳总结（表 3-16）。

北部湾城市群碳汇量与用地形态格局相关性分析总结表　　表 3-16

<table>
<tr><th colspan="2">分析层面</th><th>增汇的相关性特征</th><th>布局优化方向</th></tr>
<tr><td colspan="2">景观水平</td><td>形态：复杂、不规则；
聚散性：连接度高</td><td rowspan="6">不同碳汇用地布局不规则、形状复杂，且不均匀连接；
林地和未利用地聚集分布、形状复杂多样，保持连接的不均匀性；
灌木斑块大规模不规则集聚分布，增加斑块间的连接度</td></tr>
<tr><td rowspan="4">景观类型</td><td>林地</td><td>聚散性：聚集；
形态：复杂、邻接不均匀</td></tr>
<tr><td>灌木</td><td>形态：复杂；
聚散性：聚集、连接度高；
面积—边缘：斑块大、丰富</td></tr>
<tr><td>草地</td><td>聚散性：分散</td></tr>
<tr><td>未利用地</td><td>聚散性：聚集、邻接不均匀；
形态：复杂</td></tr>
</table>

可以看出，北部湾城市群整体理想景观格局应为复杂不规则且增加连接度，其原因可能是便于二氧化碳的吸收固定，适宜不同类型用地和不规则形态土地，有助于植被生产过程。而不同区域虽然与形态格局的相关性有差异，但总体来看优化方向是类似的，例如林地、灌木、未利用地偏向于聚集布局，而草地适宜分散布局。林地之所以适宜一定程度的聚集布局，是因为大片聚集的林地植被茂盛、种群较多，会形成较为稳定的生态系统，从而保持整个生境的质量。且聚集布局从另一方面可降低人类的破坏与干扰，利于碳汇过程。灌木的开敞性高于林地，且受人类活动影响较大，故保证其集聚布局以及适当增加连通性，会减少人类的干扰并促进植被的生长与生产过程。草地本身碳汇能力较低，因此，适当分散布局，镶嵌于林地灌木中利于草地碳汇水平的提升。

第三节　碳浓度变动驱动因子分析

一、碳浓度分布变化

（一）碳浓度获取与计算

低碳的研究重点在于有关碳元素的系列测算，所以低碳城市规划，必须侧重相关二氧化碳指标的计算测定。相关测定计算以碳排量估算和碳浓度空间分布测算为主。由于碳排量的产生原因复杂多变，一般研究由经济指标计算得到的城市二氧化碳排放量存在不确定性及误差，且无法与城市空间分布产生直接的联系。故本章节主要侧重研究北部湾城市群各城市主城区碳浓度的空间分布状况，并就此探讨城市空间与碳浓度之间的关系。城市作为人类活动的主要场所载体，从城市规划的角度降低碳浓度空间分布值得深入研究。

虽然大气中 CO_2 浓度含量与多种要素有关，但繁杂的要素种类不利于进行系统的定量科学分析，而且要素间对 CO_2 的影响是动态流动的，即各要素间产生或吸收的 CO_2 会相互转化，因此，选用遥感得到的系列影响指数预测相关研究区域的 CO_2 浓度，排除要素繁杂带来的变动性，使数据来源更加可靠。日本 GOSAT 卫星是早期对全球免费开放的碳浓度数据卫星，各国研究学者利用 GOSAT 卫星数据开展了多方面的研究，取得了丰富成果。日本 GOSAT 卫星于 2009 年发射，2015 年关闭传感器停止服务，能提供 2009—2015 年之间的全球碳浓度数据。GOSAT 卫星数据每月更新一次，覆盖整个地球表面，分辨率为 10km。日本北海道大学 GUO 就用 GOSAT 卫星数据和美国 MODIS 卫星数据，分析得到地表二氧化碳计算模式——TVP 模型。TVP 模型基于 MODIS 温度（MOD11C3）、植被覆盖（MOD13C2 和 MOD15A2）及生产力（MOD17A2）

构成的关系来评估全球尺度的空间二氧化碳浓度分布情况。可利用 GOSAT 卫星搭载的热与近红外碳观测传感器（TANSO）获取的二氧化碳浓度观测值来检测 TVP 模型精度。

整个 TVP 模型按照地理地域情况细分为 5 种类别，分别为亚欧大陆模型、非洲大陆模型、北美洲大陆模型、大洋洲大陆模型及南美洲大陆模型，可用于不同的使用范围。本章节采用的模型为北部湾城市群所在的亚欧大陆模型，见公式（3-2）。

$$CO_2 = 277.93 + 0.4 \times LST + 95.04 \times EVI - 64.32 \times NDVI - 0.89 \times FPAR + 2.73 \times LAI - 0.03 \times GPP - 0.004 \times GN \quad (3\text{-}2)$$

式中 LST——地表温度（land surface temperature），K，可从 MOD11C3 卫星产品中获取，时间分辨率为 8 天，空间分辨率为 1000m；

EVI——增强性植被指数（enhanced vegetation index），反映植被生长状态及植被覆盖度，是监测大尺度植被和土地覆盖分类的基本指数，无单位，值域为[−1，1]，可从 MOD13C2 卫星产品中获取，时间分辨率为 16 天，空间分辨率为 500m；

$NDVI$——植被差异化指数（normalized difference vegetation Index），反映植被的茂密程度，无单位，值域为[−1，1]，可从 MOD13C2 卫星产品中获取；

$FPAR$——植物冠层吸收的光合有效辐射分量（fractional photosynthetically active radiation），反映植被冠层能量的吸引情况，无单位，值域为[0，1]；

LAI——植被叶面积指数（leaf area index），指单位面积上植被叶片面积与用地面积之比，是进行植物群落生长分析的参数之一，无单位，值域为[0，1]，$FPAR$ 与 LAI 可从 MOD15A2 卫星产品中获取，时间分辨率为 8 天，空间分辨率为 1000m；

GPP——植物总初级生产率（gross primary production），Pg（10^{15}g），指植物通过光合作用积累的有机物，反映二氧化碳吸收量，可从 MOD17A2 卫星产品中获取，时间分辨率为 8 天，空间分辨率为 1000m；

GN——GPP 与 NPP 的差值，$GN = GPP - NPP$；

NPP——植物净初级生产力（net primary production），Pg（10^{15}g），指植被有机物后减去呼吸作用的消耗后体内净积累下来的有机物，可从 MOD17A3H 卫星产品中获取，时间分辨率为 250m，空间分辨率为 250m；

CO_2——二氧化碳浓度空间分布，ppm，即 mg/L。

TVP 模型有效地证实了地表地物的相关参数，如地表温度、植被指数、差异指数、叶面积数、光合作用量等，对空气二氧化碳的含量有直接的影响关系，可以有效反映地表地物上空二氧化碳含量多少。TVP 模型是研究二氧化碳变化情况的有效手段及理论基础，为本书的二氧化碳相关研究提供了有力的理论支撑依据。模型所需参数数据均来自美国 NASA 网站提供的 MODIS 卫星系列数据产品，经过 IDRISI17.0 遥感软件的进一步处理，得到北部湾城市群的相关数据，并被处理为统一空间分辨率。处理 GOSAT 嗅碳卫星的方式相对较为简单，直接获取北部湾城市群区域的碳浓度数据即可，具体操作在 ArcGIS 软件中进行。

（二）碳浓度变化分析

选取 2000 年、2005 年、2010 年、2015 年 4 个年份的夏季 6 月、7 月、8 月作为北部湾城市群区域碳浓度空间分布的时间段，主要理由如下：二氧化碳浓度在夏季达到全年最低，因为春夏植物的光合作用旺盛，吸收消耗更多的二氧化碳，如果夏季时段的二氧化碳浓度理论值较低，北部湾城市群二氧化碳浓度分布还是处于比较高的状态，说明全年其他时段该区域二氧化碳浓度也会处于比较高的状态。

通过 TVP 模型，对 2000 年、2005 年、2010 年、2015 年 4 个年段的 6 月、7 月及 8 月的北部湾城市群范围的空间二氧化碳浓度分布情况进行测算与分析。由于在 6 月、7 月、8 月，北半球正处于夏季，植物生长最为茂盛的阶段，植被吸收二氧化碳进行光合作用的能效将达到全年最强，因此，空气中二氧化碳浓度含量将达到全年最小值。研究结果显示，北部湾城市群区域内夏季每一时段的平均碳浓度含量变化不大，这可能与北部湾城市群范围内良好的生态环境（即优良的植被覆盖环境）有密切关系。除水域因自身碳汇能力较弱呈高碳分布区域，城市即使在碳吸收良好的夏季，仍然是高碳浓度分布的区域。

研究发现：第一，城市所在区域的碳浓度含量动态增加，逐年变高。横向对比同年的 6 月、7 月及 8 月，发现 2000 年 3 个时段，水域及建设用地为二氧化碳浓度较高的地方对比显示北部湾城市群范围内建设用地的空间碳浓度区域变化相对稳定，说明建设用地的植被覆盖情况比较少且较为稳定。而非建设用地则随着时间递增，在 8 月份出现较多的低碳区域，说明 8 月北部湾城市群范围内的植被长势达到最大，吸收二氧化碳效率最高。南部靠海区域汇碳能力减弱，低碳区域数量减少，临海边缘基本处于较高的二氧化碳浓度分布区，大部分滩涂用地由于植被覆盖较少也处于相对高碳的区域。北部湾城市群西部地区非建设用地的低碳区相对比较稳定。2000 年，北部湾城市群区域的建设用地中只有南宁、海口、湛江、茂名、阳江等出现较为明显的高碳分布，并大致与当时建设区发展形态相同。而沿海的北海、钦州、防城港则因为经济发展滞后高碳分布还不够明显。对比2005年的碳浓度分布情况，发现2000年的城市区域碳浓度含量低于2005年的城市区域碳浓度含量，高碳分布程度也低于2005年城区的碳浓度分布。2005年，北部湾城市群出现了更为明显的高碳分布情况，且与城市建成区呈依附分布，高碳区的分布形状基本与建成区形态相一致。非建设用地则随时间递增，低碳区增加，碳汇能力和低碳区域面积在8月达到最大。

第二，每年二氧化碳浓度变化均不同，且与植被生长的固碳效应强弱存在明显关系。2010年8月北部湾城市群区域汇碳能力达到4个年份中的最佳状态，除沿海海域呈高碳分布，区域范围内建设用地的高碳情况相比同年6月、7月得到减弱。这从侧面反映出北部湾城市群植被在2010年8月生长较好，使北部湾城市群范围内的二氧化碳被大量吸收，固碳能力达到对比时段中相对较好的状态。

第三，建成区面积与高碳分布呈正比，建设用地周边存在较少的低碳区。2015年北部湾城市群范围内二氧化碳分布情况变化比较剧烈。高碳区依旧主要分布在城市及部分水域、滩涂用地，但城市高碳区相比2000年、2005年、2010年面积增加，其中变化最为明显的当属广西的城市。广西南宁市主要建成区高碳范围大规模增加，广西沿海的北海市、防城港市、钦州市的主要建成区高碳分布区域也相比往年扩大，广东雷州半岛范围内的高碳区呈大面积分布的态势，海南海口市主要建成区也呈现高碳区大面积分布的情况，且最高碳区靠近海域。除了主要城市建成区高碳分布增加，海南省内西部临海地区也出现大面积二氧化碳浓度较高的区域。而由林地、园地等植被覆盖的北部湾城市群的非建设用地区域低碳区面积也不呈现占比优势，介于两者之间的中碳分布区域面积反而占据了相当大的一部分。低碳区持续呈两极分化的趋势聚集在广西西部及广东东部。根据同年7月、8月的数据，北部湾城市群的植被固碳能力相比6月并没有增强太多，低碳区面积也没有增加太多，而处于高碳区的建设用地上空二氧化碳汇聚情况相较6月反而更加严重，建设用地周边低碳区也分布较少。

二、建设用地构成对碳浓度的影响

本部分开始尝试建立城市建设用地与空间二氧化碳浓度分布的相关关系，并尝试从中寻找影响建设用地地表二氧化碳浓度变化的空间因素，从而以此为切入点，获取北部湾城市群建设用地未来低碳发展的支撑依据，并进行相关的低碳规划设计。我们对2000年、2005年、2010年、2015年的建设用地数据进行景观指数分析，得到4个年份不同等级城市主城区建设用地在规模、形态、结构3

个空间布局方面的景观指数数据。景观指数针对主城区中每一块建设用地斑块，反映每一块建设用地斑块随年月变化的情况。同时研究尝试探寻建设用地的生长模式与空间碳浓度的影响关系。此外，非建设用地的高程和土壤 pH 在一定程度也对建设用地的布局有一定程度的影响，从而间接影响碳浓度。研究还试图找寻切入点探讨两者与碳浓度的关系。

（一）建设用地规模对碳浓度变动的影响

结合 4 个年份的碳浓度数据，通过统计软件 SPSS 的相关分析模块进行景观指数与碳浓度的相关关系分析，采用双尾检验的方式两两检验 2 个变量（面积 Area 和 CO_2 浓度）的相关关系。分析结果显示，各等级城市的建设用地斑块规模与 CO_2 浓度存在正相关关系，且 P 值小于 0.05，说明两者显著相关，具有统计学意义，互相影响程度较强。以上结果表明，建设用地斑块规模越大，CO_2 浓度越高。建设用地规模增大带来了城市面积的扩张和更大程度的人类活动量，从而带来了更多的高熵碳排放，导致 CO_2 浓度增加。我们发现建设用地规模对中心城市（南宁、海口）、一般城镇（临高、北流）的影响较大，而与节点城市（北海、茂名）的相关度相对略低。显著性反映出建设用地规模与 CO_2 浓度整体都呈正相关。由于每个城市发展速度不一致，建设用地斑块规模的变化必然带来不同程度的 CO_2 浓度变化，得到的相关度也会出现差异，但各等级城市的建设用地斑块规模的增加都对该区域的碳浓度有正向影响（表 3-17）。

各等级城市主城区斑块规模与 CO_2 的相关性分析结果表　　表 3-17

		南宁		海口		茂名		北海		北流		临高	
		Area	CO_2	Area	CO_2	Area	CO_2	Area	CO_2	Area	CO_2	Area	CO_2
Area	Pearson 相关性	1	0.016**	1	0.013**	1	0.003	1	0.001	1	0.031**	1	0.050**
	显著性（双侧）		0		0.001		0.571		0.821		0.002		0
	N	65535	65535	65535	65535	33759	33759	49437	49437	9903	9903	4956	4956
CO_2	Pearson 相关性	0.016**	1	0.013**	1	0.003	1	0.001	1	0.031**	1	0.050**	1
	显著性（双侧）	0		0.001		0.571		0.821		0.002		0	
	N	65535	65535	65535	65535	33759	33759	49437	49437	9903	9903	4956	4956

注：** 表示在 0.01 水平（双侧）上显著相关。

对建设用地规模与 CO_2 浓度的相关性分析为“CO_2 浓度随建设用地规模增加而增加”的结论提供了有力支撑。但对当今渴求发展的北部湾城市群来说，无法实现城市发展而建设用地面积不增加（附录图 8）。所以未来更需要合理规划与控制北部湾城市群内城市建设用地的规模增长。当建设用地面积被有效控制，城市面积的增加方式被改变，城市规模的增加不再依靠“摊大饼”的发展模式推动，也许可以有效实现城市的低碳发展。

（二）建设用地形态对碳浓度变动的影响

形态指数由景观指数（*SI*）体现，将其与对应城市的碳浓度数据进行相关性分析。分析结果说明，建设用地的形态指数与碳浓度整体呈正相关关系，且大部分 *P* 值小于 0.05。即形态指数值越大，碳浓度值越高。一般来说，建设用地形态值越大，代表形态越复杂，建设用地与周边绿地相互接触的面积越大，碳浓度值则有所降低。但上述分析的是主城区中的每一块建设用地斑块。由于城市中较大规模的绿地或者植被覆盖区域往往较少且不集聚，建设用地斑块周边往往是建设用地，所以产生的 CO_2 无法与绿地植被等碳汇用地充分接触，无法被吸收固定。并且，观察建设用地分布情况可知建设用地斑块形态指数越高者往往起规模面积也相对较大（表 3-18）。

为进一步验证，将各等级城市的主城区整体形态指数与相应研究年份的夏季（6 月、7 月、8 月）碳浓度数据进行相关性分析（表 3-19）。分析结果进一步说明只有在建设用地周边为植被绿地所围合的情况下，建设用地即主城区的形态越不规则（形态指数值越小），碳浓度越低。由于 *P* 值均大于 0.05，说明显著性不强烈，但是存在一定的相关性。

各等级城市主城区中建设用地斑块形态指数（*SI*）与 CO_2 浓度的相关性分析结果表 **表 3-18**

		南宁		海口		茂名		北海		北流		临高	
		SI	CO_2	*SI*	CO_2	*SI*	CO_2	*SI*	CO_2	*SI*	CO_2	*SI*	CO_2
SI	Pearson 相关性	1	0.033**	1	0.009**	1	0.007	1	−0.013**	1	0.035**	1	0.055**
	显著性（双侧）		0		0.017		0.184		0.004		0.001		0
	N	65535	65535	65535	65535	33759	33759	49437	49437	9903	9903	4956	4956
CO_2	Pearson 相关性	0.033**	1	0.0009**	1	0.007	1	−0.013**	1	0.035**	1	0.055**	1
	显著性（双侧）	0		0.017		0.184		0.004		0.001		0	
	N	65535	65535	65535	65535	33759	33759	49437	49437	9903	9903	4956	4956

注：** 表示在 0.01 水平（双侧）上显著相关。

各等级城市主城区中整体斑块形态指数（*MSI*）与 CO_2 浓度的相关性分析结果表　　表 3-19

		南宁		海口		茂名		北海		北流		临高	
		MSI	CO_2	*MSI*	CO_2	*MSI*	CO_2	*MSI*	CO_2	*MSI*	CO_2	*MSI*	CO_2
MSI	Pearson 相关性	1	0.024	1	−0.161	1	0.106	1	−0.766**	1	−0.577*	1	−0.332
	显著性（双侧）		0.942		0.617		0.744		0.004		0.049		0.291
	N	12	12	12	12	12	12	12	12	12	12	12	12
CO_2	Pearson 相关性	0.024	1	−0.161	1	0.106	1	−0.766**	1	−0.577*	1	−0.332	1
	显著性（双侧）	0.942		0.617		0.744		0.004		0.049		0.291	
	N	12	12	12	12	12	12	12	12	12	12	12	12

注：** 表示在 0.01 水平（双侧）上显著相关；* 表示在 0.05 水平（双侧）上显著相关。

综上所述，城市整体形态的发展需遵循外围自然格局的原始形态，保留维护外部山水格局，以自然因素约束城市规模发展，拒绝规整划一的外边缘形态扩张发展趋势。就内部而言，建设用地斑块的布局应增加与绿地的融合度，增加建设用地区域上空的 CO_2 与绿地等碳汇用地的接触面积。在未来的城市规划中寻求更合理的复合发展布局方式，从规划布局的角度降低碳浓度的含量（附录图 9）。

（三）建设用地结构对碳浓度变动的影响

聚集度指数（*AI*）有效反映城市组成结构的紧密度，即每个建设用地斑块汇集其他建设用地斑块的能力。获取 4 个时间节点的各等级城市建设用地聚集度数据，结合 4 个年份中该斑块区域的碳浓度数据，在 SPSS 统计软件中进行相关性分析（表 3-20）。对比各个研究对象的分析结果发现，建设用地的聚集度与碳浓度整体呈正相关关系，*P* 值大多小于 0.05，具有统计学意义。结果表明，建设用地斑块越聚集，CO_2 浓度含量越高。其原因可以归结为：建设用地的聚集度升高会形成更大规模的建设用地组团，带来更多的人流堆积与活动量的加剧。城市建设用地布局越紧密，意味着其上空聚集的 CO_2 越多，短时间内无法与碳汇用地接触进行固碳反应，直接导致建设用地碳浓度高熵化现象越来越严重。

当建设用地与建设用地的联系不再处于紧密状态，不再组团聚集式发展，分布较为分散，城市主城区的碳浓度会有所降低。综上所述，根据建设用地的聚集度指数对碳浓度的影响，未来城市主城区建设用地规划应当分散化处理，以城市内部的自然地形与路网格局对建设用地进行反向限制，避免建设用地规模过于聚集，应形成组团式的多心分布格局，应注重保留城市内部的自然格局，如自然山体、水系、丰度较高的自然绿地等，同时应有意疏导规划建设用地高度密集的区域，缓解高聚集度带来的 CO_2 高熵状态（附录图 10）。

各等级城市主城区中建设用地斑块聚集度指数（*AI*）与 CO_2 浓度的相关性分析结果表　　表 3-20

		南宁		海口		茂名		北海		北流		临高	
		AI	CO_2	*AI*	CO_2	*AI*	CO_2	*AI*	CO_2	*AI*	CO_2	*AI*	CO_2
AI	Pearson 相关性	1	0.163**	1	0.100**	1	−0.012	1	0.002	1	0.136**	1	0.090**
	显著性（双侧）		0		0		0.028		0.631		0		0
	N	65535	65535	65535	65535	33759	33759	49437	49437	9903	9903	4956	4956
CO_2	Pearson 相关性	0.163**	1	0.100**	1	−0.012	1	0.002	1	0.136**	1	0.090**	1
	显著性（双侧）	0		0		0.028		0.631		0		0	
	N	65535	65535	65535	65535	33759	33759	49437	49437	9903	9903	4956	4956

注：** 表示在 0.01 水平（双侧）上显著相关。

（四）建设用地扩张模式对碳浓度变动的影响

将前文计算的 3 个等级城市的 2000—2015 年 *LEI* 景观扩张指数与提取的相对应的碳浓度数据录入到 SPSS 中进行相关性分析，分析影响城市主城区碳浓度变化的建设用地扩张模式变化情况。6 个研究对象的分析结果显示，城市建设用地的景观扩张指数 *LEI* 与碳浓度呈现正相关关系，*LEI* 值越大，CO_2 浓度值越高（表 3-21）。其中 *LEI* 景观扩张指数的值域［0，100］代表了飞地式扩张模式［0，2］、边缘式扩张模式［2，50］、边缘式扩张模式［50，100］。由此可以推断，*LEI* 指数与碳浓度的正态相关结果表明未来城市以飞地式的扩张模式发展最为低碳，边缘式发展次之，填充式发展低碳效果最弱。飞地式的发展模式使建设用地组团规模得以控制，同时增加建设用地这类高碳排用地与碳汇用地的接触面积，促进 CO_2 固碳反应。边缘外扩式与内向填充式的发展模式在一定程度上使原本的建设用地斑块面积进一步增大，建设用地规模指数和聚集度指数也相对上升。结合之前的分析证明，区域范围内碳浓度含量必然增加。

综上所述，飞地式的发展模式是促进低碳发展的空间优化方法之一。未来北部湾城市群城市发展中，城市若要兼顾城市发展与低碳发展，可以以飞地式的空间布局为主，边缘式及填充式为辅（附录图 11）。

各等级城市主城区中建设用地景观扩张指数（*LEI*）与 CO_2 浓度的相关性分析结果表　　表 3-21

		南宁		海口		茂名		北海		北流		临高	
		LEI	CO_2	*LEI*	CO_2	*LEI*	CO_2	*LEI*	CO_2	*LEI*	CO_2	*LEI*	CO_2
LEI	Pearson 相关性	1	0.558**	1	0.285**	1	0.114**	1	0.038**	1	0.185**	1	0.150**
	显著性（双侧）		0		0		0		0		0		0
	N	65535	65535	65535	65535	33687	33687	59904	59904	9600	9600	8205	8205
CO_2	Pearson 相关性	0.558**	1	0.285**	1	0.114**	1	0.038**	1	0.185**	1	0.150**	1
	显著性（双侧）	0		0		0		0		0		0	
	N	65535	65535	65535	65535	33687	33687	59904	59904	9600	9600	8205	8205

注：** 表示在 0.01 水平（双侧）上显著相关。

三、自然环境因素对碳浓度的影响

城市区域内除了人为活动因素对大气二氧化碳浓度变化有影响，自然因素同样对二氧化碳含量的变化有一定程度的影响。所以除了上述空间影响因素（建设用地的规模、形态、结构、生长模式），其他自然环境因素也有可能与城市碳浓度存在某种相关性。因此，本节选取高程因素与土壤 pH 值因素，尝试探讨自然环境要素对碳浓度的影响机理。

（一）高程因素对碳浓度变动的影响

虽然每个城市的高程数据是固定的，但碳浓度空间变化必然存在一定的规律性，因此，猜想高程变化也许与碳浓度空间变化存在某种程度的相关关系。将北部湾城市群 2000 年、2005 年、2010 年、2015 年 4 个时间节点的夏季（6 月、7 月、8 月）碳浓度数据与城市 DEM 高程数据在 IDRISI7.2 软件中进行叠加拟合，分析得到 DEM 高程数据与碳浓度的相关性分布图像。图像中，一个月份的碳浓度数据与 DEM 高程数据为研究数据集，每一个数据集中两个数据类型栅格点对应组成一组研究数据。在 IDRISI7.2 软件中对自变量（DEM 高程数据）与因变量（碳浓度数据）进行相关性分析，共产生 12 组相关性分析结果（附录图 12）。由分析结果可知高程数据与碳浓度数据存在相关关系，北部湾城市群的高程与 4 个年份夏季月份的碳浓度呈负相关关系，即地势低洼处碳浓度最高，地势高峻处碳含量最稀薄。未来北部湾城市群内各等级城市低碳发展也可从高程环境切入，着重设计地势相对低的地域，确保二氧化碳含量走势正常合理，及时避免出现高熵化现象。

（二）土壤因素对碳浓度变动的影响

城市范围内的自然因素除了高程地形因素，土壤酸碱度值也是城市范围内的自然影响因素之一。土壤酸碱度的高低可以影响植被生长情况，而植被作为光合作用吸收 CO_2 的碳汇植被，影响区域大气中的 CO_2 浓度。本小节获取的土壤酸碱度数据来源于国家科技资源共享服务平台——土壤科学数据中心。从获取的数据中提取北部湾城市群的土壤数据（附录图 13）与碳浓度数据进行耦合分析并于 SPSS 中进行相关性分析。

北部湾城市群范围内的土壤酸碱度数据与碳浓度数据呈正相关关系，并呈正态分布，显著性 P 值为 0，小于 0.05，具有统计学意义（表 3-22）。结果说明，土壤碱度越高，碳浓度越高。由于北部湾城市群区域范围内的土壤酸碱度范围为（4.1～8.0），同时涵盖酸性土壤（0～6.5）、中性土壤（6.5～7.0）及碱性土壤（7.0～10.0），且弱酸性及中性土壤分布面积较大，碳浓度随土壤酸碱度的正向增加（由酸到碱）而增加，碱度越高的土壤植被生长环境也相对越差，植被由于长势不好碳汇能力减弱，这也是影响碳浓度分布的影响之一。

未来北部湾城市群区域城市低碳发展建设可参考土壤相关数据，以此为参考数据分析布局生态用地的合理位置，使得城市周边的生态用地碳汇等作用最大化，从而支撑城市的低碳发展脚步。

土壤 pH 值与碳浓度相关性分析结果表　　表 3-22

		RASTERVALU	pH 值
RASTERVALU	Pearson 相关性	1	0.333**
	显著性（双侧）		0.000
	N	2436	2436
pH 值	Pearson 相关性	0.333**	1
	显著性（双侧）	0.000	
	N	2436	2437

注：** 表示在 0.01 水平（双侧）上显著相关。

四、碳浓度与低碳发展的耦合研究

（一）影响建设用地低碳发展的低碳要素筛选

通过北部湾城市群各等级城市的建设用地规模、结构、形态、生长模式、高程地形、土壤酸碱度等方面与城市碳浓度的相关性分析，可知上述方面均对碳浓度的变化有一定影响。而影响建设用地规模变化、形态变化、结构变化及影响城市生长模式、高程地形、土壤酸碱度的要素是多变的。本节尝试归纳影响以上几个方面的相关要素，并对城市低碳发展能力进行预判、评估，从相关要素出发找寻空间低碳规划设计策略的方向，以便指导以后城市的低碳规划相关的具体设计内容。

（1）对城市群建设用地规模产生影响的相关要素

城市发展不可避免地会促进城市规模增加，回顾前文不难发现，随着时间推移，城市综合实力的提升最直接地反映在城市土地开发上，建设用地随时间递增，并且扩张比重逐年增大。那么，能够影响城市群建设用地规模的空间因素有哪些？中央政策及地方政策对城市群及内部城市未来发展建设起到了至关重要的作用，政策的出台代表着城市群内城市确定了相关职能定位，城市为响应政策会开展相关的开发建设。政策因素往往对城市有决策性指导作用，决定了城市群内建设用地规模变化的体量及走势。在未来城市群规划中，针对城市建设用地规模对空间二氧化碳的影响，相关规划决策和政策文件需立足低碳发展根本，考虑建设用地规模布局的合理方式，提出明确的指示文件引领区域内地方城镇建设用地建设发展，从而从根本处立足低碳发展的角度。通常来说，自然地理位置较好的城市，发展更有潜力，发展速度较快，城市空间规模也更壮大。而且自古以来地势平缓的区域也更易聚集人流并逐渐演变成城市，所以区位及地理环境也是影响建设用地规模变化的重要因素之一。相比前两项因素对规模的间接影响，城市经济实力情况能够直接影响城镇建设用地规模，经济实力强盛的城市推动城市规模开发的力度越大，成为夯实基础和扩大规模的重要条件。

除了较为宏观的影响因素，城市内部还存在影响建设用地规模的相关要素。城市新区开发建设必然会带来城市规模进一步扩大，形成城市新组团中心。城市经济发展中的支柱产业发展带来的工业厂区的投资建设也是导致城市规模扩大的影响因素，城市边缘的工业用地直接体现了城市边缘外扩。房地产产业引导的土地财政投入也是带动城市大规模开发的主要因素，从北部湾城市群内大多数城市近几年陆续掀起的地产开发高潮现象可以看出，很大部分城市规模的扩大来自商品房的投资建设。南宁市五象新区成立后，地产项目的纷纷落地体现了这一现象。同时城市经济发展带来了人民消费能力的提升，大型商圈如雨后春笋般在城市中相继出现。大型商圈通常由大型商业综合体和配套广场构成，往往投资巨大，规模面积庞大，一旦建成便成为汇聚其他建设用地的重要节点，必然一定程度影响城市用地规模。大型商圈往往聚集大量人流，也是城市中高碳地区之一。一个城市的行政中心及配套广场作为城市的门户与标志象征，也相对占据了一定面积，且作为城市的核心区域，也具有一定的凝聚力，能聚集大量建设用地形成组团。以上都属于人工规划要素，可以后天设法改变。而自然要素，如城市内外部的自然景观格局或自然地形虽然无法对建设用地规模产生直接影响，却能通过规划、修整来限制周边建设用地规模的开发。

（2）对城市群建设用地形态的影响要素

城市群中城市是主要的建设用地组成部分。从历史发展的角度来看，城市形态与自然地形密不可分。过去人类生产力低下，人类无法过大改变自然环境。城市外围边界作为与周边山体地形等自然格局充分接触的首要对象，受到自然地形的直接影响，所以城市依存自然地形容易形成较为被动的布局形态，且具有浓郁的环境特色。但是由于人类文明的进步，现今普遍的城市发展方式，大多优先考虑城市发展，导致城市边界无序蔓延推进，忽略了外部自然格局的完整性。自然地理环境由主导变为被动，已不再是束缚城市边界的直观因素。虽然城市内部的自然地形也可以对内部建设用地的形态布局产生一定的影响，但现在大多数整体地势起伏较小的城市往往对内部有差异的地形采取平整化处理，使用地更规整平坦，忽视地势差异的限制。如果从结合自然地形的角度考虑城市用地的规划布局，自然格局及地形地势对未来城市形态的发展具有一定的影响。

其他对城市建设用地形态有影响的要素还有城市的路网骨架、政策因素、城市发展方向等。城市交通路网骨架布局走向在一定程度上会影响城市用地的布局发展，例如外部路网在一定程度会抑制城市用地的蔓延扩张，高速路网和高铁站线等的规划开通会带动建设用地沿路网走向延伸布局，从而影响城市整体形态。如果说自然环境决定了以往的城市空间格局演变，相关的城市规划手段则直接影响城市群及城市未来建设用地的发展布局。具有空间建设性的政策性文件规划布局方案直接为城市群及城市未来的空间形态规划指定了方向。政策因素和城市发展的走向定位直接从规划层面影响城市未来形态发展的走向，是导致城市形态变化的重要因素。所以在制定相关政策和规划时，应该理性科学地推断城市发展的合理走向，兼顾城市发展和低碳发展两个层面的需求，拒绝“拍脑袋”决定。

（3）对城市群建设用地结构的影响要素

相关政策文件直接系统地向城市群传达了整体战略布局思想，制定的定位方针关乎城市群整体结构排布。相关法定规划如城市群规划、城市总体规划、城市分区规划等，则从规划理念入手为城市群内建设用地的空间结构叠加各种结构形式，从而形成城市群的空间结构体系。传统规划对城市结构的理解通常为“几心几团几带”，但都是规划设计者给出的标准。基于前文以聚集度景观扩张指数体现城市建设用地的结构的相关结论，基于此角度出发，聚集度最高的区域自然是城市的核心。城市建设用地聚集度的影响要素大体分为历史要素、自然要素、人工规划要素。历史要素主要由城市主城区演变、城市内部的风景文化名胜、古迹遗址等构成。随着城市发展，主城区由于时间的积淀发展越来越成熟，功能越来越齐全，从而带来大量人口的聚集，逐渐演变为城市的重要活动中心，是城市结构中不可或缺的核心。风景名胜和古迹遗址等历史节点也是体现城市历史文化传承的要素，能够汇聚一定的人流，推动相关延伸产业的发展，从而带动一定规模的用地开发，成为城市中具有一定聚集作用的节点。人工规划要素大多为规划设计者和城市决策者的城市规划带来的改变，如大型商业中心、CBD 等商务办公区一旦建成，会成为新的活力节点，给所在区域带来聚集效应和人气活力；高铁动车站、火车站、汽车站等大型交通枢纽作为人口流动量大的转换站，不论设在城市内部还是较边缘的地带，都能起到吸引其他建设用地在此聚集，从而改变所在区域用地紧凑结构的作用；学校和政府也能够对周边建设用地的组成分布产生改变，学校的区位带来了“学区房”等衍生地产的发展，新的行政中心作为城市门户往往映射着城市未来的发展方向，从而改变所在区域的土地开发。上述提到的要素都通过“以点入面”的方式影响城市空间结构，而更大规模的新区开发建设也能够使城市结构产生根本改变。新区的建设开发意味着城市未来发展重心结构的定位，所以新区建设以何种方式规划布局也将影响新区乃至城市的低碳发展。除了已经提到的影响城市结构的相关要素，城市规划所做的任何关键决策都能改变城市空间构成。外围因发展产业而建设的工业厂区，内部因满足民生需求修建的大型娱乐休闲服务区等所形成的“小型活力中心”同样是影响城市结构的重要条件。以上的人工规划要素都在一定程度上对建设用地的紧凑结构有影响，其中发展较为成熟的也能成为城市发展中新的增长极，从更广泛的层面上影响城市结构组成。

（4）对城市群建设用地生长模式的影响要素

如今设计院等单位的规划从业者在着手编制城市总体规划等规划时普遍以开发临近用地为主要手段来满足城市的发展需求，未能充分科学地考虑城市如此布局是否合理及有无问题，更未从生态低碳的角度对此空间布局进行验证。综合上述相关性分析结论可知，城市低碳发展的前提是以飞地式的生长模式为主要的空间布局方式来推动城市的未来发展建设，“摊大饼”的圈层外扩已无法兼顾生态低碳与持续发展的双重需求。

城市周边的自然地貌能够影响城市自发生长的状态和方式，从而间接导致城市生长形态的差异性，北部湾城市群的城市即是如此。沿海城市靠海生长，城市生长边界无限紧贴海岸线，无法跳脱沿海条件的束缚；内陆城市如果地势平坦，扩张会趋向圈层发展，如果地势崎岖，则城市发展相对受限，城市形态相对不规则，生长方式也非循序渐进；还存在部分城市不受地形限制，推平改造较易改变的地形状态，从而改变城市的情况。城市自发生长较多受限于自然地形，而城市新增开发受政策因素及规划方案的影响较大。政府决策奠定城市发展的基调，规划方案确定城市发展布局的具体实施措施。所以相关决策决定城市未来发展方向后，将直接影响城市以何种扩张模式跟进未来发展脚步，从而为城市布局带来变化及影响。

（5）对其他方面（土壤、高程地形）产生影响的相关要素

土壤和高程地形的先天形成因素先天决定了城市所在区域的土壤条件和地形走向。但城市发展至今也相对改变和污染了自然地形与土壤环境，造成自然地形与土壤状况的相对改变。自然先天要素对土壤与高程有决定作用，而后期人为规划要素则对两者有影响改变的作用。前文已经证明土壤情况和高程地形对主城区碳浓度的变化有一定程度的影响。如果在未来的城市发展中不能避免人为活动破坏地形或侵蚀土壤，极有可能间接影响城区碳浓度。所以，对于城市中的自然地形和土壤环境，规划者可以考虑采取尊重保留的态度，避免人为建设带来二次破坏，同时也能一定程度维护城市低碳发展。

（二）基于耦合关系分析的建设用地低碳设计建议

（1）建设用地规模

针对低碳发展，城市群内各城市需要找准自身定位，认真管控建成区的规模，同时城市主城区建设用地规模不宜过大，若达到低碳发展的目标，城市需合理控制主城区中主要组团的面积，防止主城区整体无序蔓延。同时，新区建设适宜采用飞地式发展模式，打造独立新组团的同时也需注重与主城区的联系，避免造成额外的碳排放。低碳发展的城市适宜采用多中心多层次的复合化城市结构，摒弃单一化的城市结构。采取分区规划建设制度，整体构成有主有次，附属组团规模不宜过大。内部建设用地布局提倡复合多样发展，与绿地融合，避免出现大片开发用地或建设用地。

（2）建设用地形态

保护原有自然山水格局，划定生态保护界线形成北部湾城市群区域内的生态涵养区，限制城市形态的自发生长。城市发展去规整化，城市形态多样化，建设用地结合地形规划布局。通过城市外环道路与外部山水格局限制城市形态边界和无序蔓延趋势，同时使外部生态用地能够更好地渗透到城市内部。调整好建设用地与山水格局的共生关系。

（3）建设用地结构

注重协调城市群内部各城市的发展定位，实现空间互补，形成协同发展的整体城市群结构体系。避免城市群内城市发展“同质化”，向主次分明，着重发展城市自身特色的方向迈进。同时避免出现空间上的城镇高度集群化现象，合理保护北部湾城市群内优质的生态资源，使其免遭破坏。城市建设用地组团整体采用分散布局，避免组团集聚带来的高熵状态。推进飞地组团的规划建设，缓解主城压力，形成层级分明的城市结构网络。城市内部需对现状聚集地区加以疏导，增加缓冲过渡区，减轻高聚集区建设用地的密集状态。

（4）建设用地生长模式

未来城市群建设用地生长模式以飞地式组团增长为主，边缘外扩增长为辅，注重维持城市周边自然山水格局的稳定性，内部则不再推崇高度集中的建设用地排布方式，结合生态绿地形成有疏有密错落分布的城市生态生活空间网络，同时避免大规模的建设用地开发建设，注重城市内部生态空间的规划设计和人居环境质量的提升，提高城市生态宜居性。

（5）土壤因素

通过对土壤丰度情况的充分分析土壤丰度情况得到生态价值最大化的土地分布情况，划分城市群内部的生态等级格局，避免建设用地开发威胁生态用地。同时注重保留城市内部土壤质量优渥的区域，对其进行生态用地保护与培育，使得城市内部生态价值最大化。城市外部利用土壤肥沃区域加紧种植生态林地，使其作为城市缓冲防护林，形成外围保护屏障。

（6）高程地形因素

依据自然地形与空间碳浓度负相关的特性，绘制城市群内地形等级发展分区图，确定城市群各城市所处等级区域并分别进行不同程度的低碳优化设计，其中对处于较低地势的城市建设用地进行重点规划设计和事后监控。最大限度地保护与保留城市区域范围的自然地理环境，以山水格局贯穿城市内外环境，达到人类环境与自然环境的最大程度的融合共生。由于高程因素与碳浓度呈负相关关系，所以需要位于地势较低处的城市加强固碳反应，规划碳汇生态用地，促进碳汇效应。

除了目前我们已明确的低碳发展影响因素，还有很多因素和现象值得注意。通过提取与分析北部湾城市群建设用地的空间碳浓度，发现夏季月份（6月、7月、8月）的碳浓度与植被生长情况负相关，6月平均碳浓度达到最高，8月达到最低。此外，所有等级城市主城区内的低碳中心大多为公园绿地，少数布局较为稀疏的城中村或者低层住宅小区也呈现为低碳区。这些低碳区域存在的共同特点包括较为丰厚的植被分布、建筑量较少且布局分散、建筑体量较小且较为低矮。且观察发现，公园绿地的规模越大，低碳效应越显著，低碳区域面积也越大。有较大公园绿地面积的城市如南宁、北海等都存在明显的城市绿心即面积较大的低碳区域。同时大多数水域由于周边植被覆盖面积较小呈现相对高的碳浓度分布，与通常所提的生态涵养空间相悖。城市中高碳中心则多数出现在火车站、汽车站、大型商圈中心、高密度住宅区域、老城中心、产能较高的工业区及建材市场等人流较大且常年处于集聚状态的较为拥堵区域。可以归纳出满足人流密集、建筑分布密集、整体布局较为拥堵，区域活动排量较大等特征的用地往往更容易成为城市内部高碳分布区域。

第四节 碳储空间格局演变驱动力分析

一、碳储空间格局模拟

（一）土地利用模拟

操作 GeoSOS 软件，使用马尔可夫（Markov）链对北部湾城市群 2060 年各个土地利用类型的土地需求量进行数量预测，然后利用 FLUS 模型对北部湾城市群 2060 年在生态优先、耕地优先、城镇优先 3 种发展情景下生态空间土地利用分布格局的发展情况与方向进行模拟预测研究。要进行城市群的土地利用模拟，需要设定 FLUS 模型的各项参数。该模型作为一款研究自然与人类活动影响下土地利用的情景仿真预测模型，基于元胞自动机模型，并引入多层前馈人工神经网络算法（BP-ANN）提升模拟的精确性。模型运转的大体流程为：首先利用土地现状数据，使用 Markov 链对 2060 年多情景土地需求量进行预测；然后采用多层前馈人工神经网络算法处理非线性问题，再使用现状土地利用数据与驱动因子来计算各个土地利用类型的转换概率，即适宜性概率；随后结合邻域影响因子、自适应惯性系数和转换成本得到栅格总体转换概率，再采用基于轮盘赌的自适应惯性竞争机制，解决不同地类之间相互竞争的不确定性，得到最终的模拟预测结果。

使用 FLUS 模型对 2060 年北部湾城市群不同情景下的土地利用变化情况进行模拟，观察其生态空间的变化情况（碳储空间主要存在于生态空间，暂不深入讨论城镇与农业空间）。由于自然保护区、生态湿地、天然林、红树林、热带雨林及水域等政策保护区域需要被限制发展，因此，3 种情景都加入了限制区。北部湾城市群的生态空间分布广泛，面积超过土地总面积的一半。总体上，2060 年北部湾城市群生态空间在生态优先和耕地优先情景下发展呈扩大趋势，在城镇优先情景下呈缩小趋势。各情景中变化较大的区域主要为城市边缘区。生态空间详细用地类型变动情况见表 3-23。

2020 年生态空间现状与 2060 年情景模拟情况表　　表 3-23

情景	生态空间（km^2）					
	林地面积（km^2）	草地面积（km^2）	水域面积（km^2）	未利用地面积（km^2）	生态空间总面积（km^2）	占土地总面积比例（%）
2020 年现状	60667	2162	3401	11	66241	56.62
2060 年城镇优先	58260	2080	3061	7	63408	54.20
2060 年耕地优先	61576	1968	3119	7	66670	56.98
2060 年生态优先	62010	2241	3373	7	67631	57.81

在城镇优先的情景中，建设用地为发展的主导土地类型。2060 年的预测结果相比 2020 年，建设用地代表的城镇空间占比由 4.84% 上升到 8.32%，耕地代表的农业空间占比由 38.54% 下降到 37.48%，其他五类用地代表的生态空间占比由 56.62% 下降至 54.20%。上述变化反映出城镇优先导向下，建设用地的扩张使耕地空间和生态空间受到挤压，生态质量因此下降。受影响较大的区域为各个城镇的边缘区，其中广东与海南的沿海城市变化最为明显，主要侵蚀城镇周围的农业和生态空间。模拟结果显示，省会城市南宁的城镇空间扩张幅度较小，而广东与海南的大城市扩张幅度较大。因此，在城镇优先情景下大部分城市的城镇空间会过度扩张，需要进行建设管控以防止生态空间被侵占后导致的生态失衡。

在耕地优先的情景中，城市发展以开拓耕地为导向。模型提高了除建设用地外其他用地类型向耕地转移的概率和耕地转为其他用地类型的成本。2060 年情景预测结果相比 2020 年，耕地代表的农业空间占比由 38.54% 上升到 40.64%，城镇空间由 4.84% 下降至 2.38%，生态空间由 56.62% 上升至 56.98%。耕地优先情景下农业和生态空间得到良好的保护，但城镇空间被侵占，城镇扩张受到限制。城市边缘区土地类型变化较大，以耕地侵蚀城镇空间为主。

在生态优先的情景中，生态保护成为发展导向，一切以生态环境保护为前提，提高了生态空间土地类型向其他用地转移的成本。预测结果相比 2020 年，生态空间占比由 56.62% 上升至 57.81%，城镇空间占比由 4.84% 上升至 5.36%，农业空间占比由 38.54% 下降至 36.83%。生态空间在该场景下得到保护，城镇空间的扩张主要侵蚀农业空间，使耕地面积下降。发生上述变化的主要区域为北部湾城市群沿岸及玉林市域。生态空间没有大幅度增长的情况，说明生态空间的面积在城镇化发展过程中表现出不同程度的缩减特征。只有严格限制侵占生态空间，才有可能保证北部湾城市群经济的可持续发展。

（二）碳储量模拟预测分析

在 2060 年多情景预测中，不同情景下的碳储量会随土地利用格局的变化而变化。由表 3-24 可知，2060 年城镇优先情景下的碳储量明显低于农业优先与生态优先情景，且 2020—2060 年城镇优先情景的碳汇量比其他两个情景下降更多。另外，2060 年北部湾城市群在 3 种情景下的碳平均密度与 2020 年相比，只有城镇优先情景有所下滑，其他场景均有所增加。

北部湾城市群 3 种情景下碳储量、碳平均密度与变化情况表　　表 3-24

	碳储量（t）	2020—2060 年碳汇情况（t）	碳平均密度（kg/m^2）	2020—2060 年碳平均密度变化情况（kg/m^2）
2020 年现状	3.54×10^9	—	30.23	—
2060 年城镇优先	3.43×10^9	-112.26×10^6	29.27	−0.96

续表

	碳储量（t）	2020—2060 年碳汇情况（t）	碳平均密度（kg/m^2）	2020—2060 年碳平均密度变化情况（kg/m^2）
2060 年农业优先	3.62×10^9	84.11×10^6	30.95	0.72
2060 年生态优先	3.54×10^9	3.03×10^6	30.26	0.03

在空间分布上，北部湾城市群 2060 年各模拟情景下的碳储量分布总体相似，高碳汇区域分布广泛（表 3-25）。在城镇优先情景下，除东方与南宁外的城市碳平均密度均出现下滑，部分城市如临高、澄迈、海口，下滑较严重，原因在于城镇空间扩张过快，从而导致碳汇能力下降。在农业优先情景下，所有城市的碳平均密度都有不同程度的上升，原因在于农业空间碳汇能力的保持。在生态优先情景下，北海、防城港、茂名、湛江、阳江、临高的碳平均密度略有下降，其他城市的碳平均密度轻微上升，原因在于生态空间面积的保持稳定了区域的碳汇能力。由此可见，农业优先和生态优先情景下，北部湾城市群的碳平均密度和碳汇能力保持了较高水平。再结合上一节对城镇空间、农业空间和生态空间的土地分析可知，生态优先的发展导向能够在不过度限制城镇用地扩张的基础上，平衡 3 类空间的发展要求，保证生态空间维持在正常的碳汇水平，甚至增加北部湾城市群的区域碳汇能力。

北部湾城市群三种情景下各城市碳平均密度与变化情况表（单位：kg/m^2） 表 3-25

		南宁	防城港	钦州	北海	崇左	玉林	茂名	湛江	阳江	海口	儋州	东方	澄迈	临高	昌江
城镇优先	密度	29.45	33.08	31.41	24.79	31.29	31.67	29.18	24.78	28.55	22.68	27.70	30.56	26.09	19.23	31.32
	增减	0.04	−0.89	−0.75	−1.95	−0.15	−0.40	−1.19	−1.65	−2.17	−4.22	−2.23	0.85	−5.12	−10.23	−0.57
农业优先	密度	30.24	34.08	32.62	26.84	31.57	32.82	31.01	27.12	31.21	29.83	30.93	33.24	32.70	30.78	34.24
	增减	0.83	0.11	0.46	0.10	0.13	0.75	0.64	0.69	0.49	2.93	1.00	3.53	1.49	1.32	2.35
生态优先	密度	29.75	33.94	32.35	25.55	31.44	32.19	29.88	25.77	30.01	28.71	30.44	32.56	31.45	26.86	34.17
	增减	0.34	−0.03	0.19	−1.19	0.00	0.12	−0.49	−0.66	−0.71	1.81	0.51	2.85	0.24	−2.60	2.28
2020 年密度		29.41	33.97	32.16	26.74	31.44	32.07	30.37	26.43	30.72	26.90	29.93	29.71	31.21	29.46	31.89

二、驱动因子选取与设置

（一）驱动数据来源

该节研究所需要的数据主要是驱动因子相关的各类限制数据与影响数据。主要从自然条件和社会经济两方面选取驱动因子，自然条件方面选择 DEM 高程、坡度、坡向、与水面的距离、与铁路的距离、与高速公路的距离、与一般道路的距离共 7 个驱动因子，其中 DEM 高程和坡度是影响区域土地利用格局变化的地形要素，交通可达性是吸引城镇用地开发的必要条件。社会经济方面选择地区生产总值（GDP）数据和人口密度2个因子。除此之外，为了约束模拟扩张还需要生态保护方面的限制因子，选取自然保护区、河流、重要湿地、红树林、热带雨林、天然林共6个因子。上述15个因子中，部分限制因子来源于ArcGIS online，道路数据和水域数据来源于开源地图网站Open Street Map，DEM高程数据来源于美国航空航天局（NASA）发布的ASTER AIEM v2数据产品，2010年的全国人口密度数据与2010年各市县的地区生产总值（GDP）数据分别来源于Worldpop网站和中国科学院地理科学与资源研究所资源环境科学与数据中心，空间分辨率均为1km。由于研究中GeoSOS-FLUS软件的初始年份要求为2010年，因此除道路数据需要一定的超前性以判断未来土地变化，其他研究数据大多选择2010年的数据或者10年间变化极小的数据。综上，本节研究所使用的数据集一共分为土地利用、政策约束、道路交通、地形条件、统计数据5类，详细的数据内容与数据来源如表3-26所示。

驱动因子分析数据内容与来源表 **表3-26**

数据类型	数据内容	数据来源	数据描述
土地利用数据	2000年土地利用现状	Globeland30数据	空间分辨率为1km，合并调整用地类型，用于初始条件输入与模型精度验证
	2010年土地利用现状		
	2020年土地利用现状		
限制转化及政策约束数据	重要湿地分布图	ArcGIS Online	矢量数据集，作为约束条件
	自然保护区		
	红树林分布图		
	热带雨林分布图		
	天然林分布图		
	河流水域	Open Street Map	
道路数据	2020年道路网络数据	Open Street Map	矢量数据集，反映交通驱动力
地形数据	DEM数字高程模型	美国航空航天局ASTER AIEM v2	空间分辨率为30m，经栅格处理后为1km，栅格数据集，用于限制地形条件
统计数据	2010年全国人口密度数据	Worldpop	空间分辨率为1km，单位为每平方公里的人口数量
	2010年北部湾各地（县）级市GDP数据	中国GDP空间分布公里网格数据集	空间分辨率为1km的GDP栅格数据集，反映经济驱动力，单位为万元/km^2

（二）驱动分析原理

地理加权回归模型是一种加入空间维度的回归分析模型，可被运用于土地利用变化情景预测领域。通过地理加权回归分析可得到各个参与运算的自变量的影响权重，从而掌握因变量主要受哪些自变量的影响，并能够根据自变量权重大小判断自变量对因变量的影响程度。由于碳汇变化与地类变化深度相关，该模型选取相应驱动因子数据与各地类适宜性概率进行土地利用变化驱动力研究，分析驱动因子与土地格局之间的关系，发现引起碳储量变化的主要驱动力。在进行地理加权回归分析之前，需进行空间自相关性分析，确保各个因变量的空间集聚性和地理加权回归分析的可用性。选择全局莫兰指数分析（Global Moran's I）和热点分析（Getis-Ord G_i*）工具观察空间集聚情况。全局莫兰指数（Global Moran' s I）主要用来表示单元在区域中与周边的关联程度，其计算公式为：

$$I=\frac{n}{S_0}\times\frac{\sum_{i=1}^{n}\sum_{j=1}^{n}w_{ij}(y_i-\bar{y})(y_j-\bar{y})}{\sum_{i=1}^{n}(y_i-\bar{y})^2} \tag{3-3}$$

$$S_0=\sum_{i=1}^{n}\sum_{j=1}^{n}w_{ij}$$

式中 n——空间单元总个数；

y_i——第 i 个空间单元的属性值；

y_j——第 j 个空间单元的属性值；

$\bar{y}$——所有空间单元属性值的平均值；

w_{ij}——空间权重值。

热点分析（Getis-Ord G_i*）能够统计识别各个空间单元中具有显著性的热点和冷点，相对全局分析更加详细。G_i^* 计算公式为：

$$G_i^*=\frac{\sum_{j=1}^{n}w_{i,j}x_j-\bar{x}\sum_{j=1}^{n}w_{i,j}}{S\sqrt{\frac{\left[n\sum_{j=1}^{n}w_{i,j}^2-\left(\sum_{j=1}^{n}w_{i,j}\right)^2\right]}{n-1}}}$$

$$S=\sqrt{\frac{\sum_{j=1}^{n}x_i}{n}-(\bar{x})^2} \tag{3-4}$$

$$\bar{x}=\frac{\sum_{j=1}^{n}x_j}{n}$$

式中 i——中心要素；

j——邻域内的所有要素；

x_j——邻域内第 j 个要素的属性值；

$w_{i,j}$——要素 i 和 j 间的空间距离；

n——邻域内的所有要素样本总量。

在地理加权回归分析前，一般会先进行传统的普通最小二乘法回归（OLS）对因变量和解释变量进行相关性分析。普通最小二乘法为最小化残差的平方和，基于线性回归模型，其公式为：

$$y = w_0 + w_1 x + b \tag{3-5}$$

式中 w_0——截距项；

w_1——x 的系数；

b——干扰项。

具体操作如下，打开 ArcGIS 软件中的空间统计分析工具模块，打开空间自相关性分析工具（Moran's I），对北部湾城市群碳汇演变适宜性概率波段的空间自相关性进行检验，保证各波段存在空间集聚现象，输入驱动因子的要素类，选择欧氏距离法，空间关系选择 INVERSE_DISTANCE，输出要素类，然后使用热点分析工具观察局部热点的空间聚类情况，确定具有空间集聚后，打开空间关系建模工具中的普通最小二乘法分析工具，输入目标要素类的因变量与解释变量，使用默认设置进行分析得到拟合优度 R^2，接着打开空间关系建模工具中的地理加权分析工具，输入目标要素类的因变量，即各波段（代表各地类）的适宜性概率，输入目标要素类的解释变量，即各个驱动因子数据文件，核类型选择 FIXED，带宽方法采用 AICc，输出要素类，得到最后的分析结果。

三、驱动力分析

（一）空间自相关性分析

对6个适宜性概率因变量进行全局莫兰指数分析后，分析结果显示（表3-27），z 值均大于 2.58，p 值均小于 0.01，置信度均为 95% 以上，说明各个适宜性概率的波段存在空间集聚现象，可以考虑进行地理加权回归分析。

全局莫兰指数分析结果表　　表 3-27

因变量	Moran's I 指数	z 得分	p 值	z 标准	p 标准	置信度
Band1（耕地）	0.25	1252.38	0	大于 2.58	小于 0.01	95%
Band2（林地）	0.26	1298.99	0	大于 2.58	小于 0.01	95%
Band3（草地）	0.10	501.28	0	大于 2.58	小于 0.01	95%
Band4（建设用地）	0.07	331.75	0	大于 2.58	小于 0.01	95%

续表

因变量	Moran's I 指数	z 得分	p 值	z 标准	p 标准	置信度
Band5（水域）	0.05	231.78	0	大于 2.58	小于 0.01	95%
Band6（未利用地）	0.05	270.76	0	大于 2.58	小于 0.01	95%

（二）普通最小二乘法回归分析

在进行地理加权回归分析之前，先使用普通最小二乘法回归（OLS）对各个因变量和解释变量进行相关性分析。由表 3-28 可知，在普通最小二乘法回归分析中，各项因子间的拟合优度不高，难以区分各因子间的影响程度和相关性，且普通最小二乘法回归分析不能准确反映真实的空间关系和空间异质性，因此，需要加入空间维度尝试进行地理加权回归分析。

北部湾城市群土地利用格局普通最小二乘法回归（OLS）分析拟合优度表（R^2） **表 3-28**

地类	d_1	d_2	d_3	d_4	d_5	d_6	d_7	d_8	d_9	p 值
耕地	0.17	0.02	0.01	0.01	0.13	0.07	0.06	0.03	0.12	＜ 0.01
林地	0.18	0.06	0.02	0.01	0.18	0.04	0.04	0.03	0.12	＜ 0.01
草地	0.03	0.01	0.01	0.01	0.01	0.01	0.01	0.01	0.01	＜ 0.01
水域	0.01	0.04	0.02	0.01	0.01	0.01	0.01	0.01	0.01	＜ 0.01
建设用地	0.01	0.01	0.01	0.01	0.01	0.01	0.01	0.02	0.01	＜ 0.01
未利用地	0.01	0.01	0.01	0.01	0.01	0.01	0.01	0.01	0.01	＜ 0.01

注：d_1、d_2、d_3、d_4、d_5、d_6、d_7、d_8、d_9 依次代表高程、GDP、人口密度、坡向、坡度、距高速公路距离、距铁路距离、距水系距离、距普通道路距离的驱动因子。

（三）地理加权回归分析

由于土地利用格局的演变决定城市群的碳储空间格局变化，城镇化进程的推进会使区域碳汇能力下降，地理加权回归加入了对空间位置影响的考虑，因而使用地理加权回归进行土地利用格局变化驱动因子的回归分析能够更加准确地找到碳汇格局改变的驱动机制及各驱动因子对碳汇格局变化的影响程度，详细的地理加权回归分析拟合优度（R^2）值如表 3-29 所示。在土地利用格局演变的过程中对地类变化影响最大的驱动因子为高程和坡度。这两个因子与林地的拟合优度最高。在分项地理加权回归分析中，对耕地变化影响较大的是高程与道路距离因子，对林地变化影响较大的为高程和坡度因子，对草地变化影响较大的为水系距离因子，对水域变化影响较大的是人口密度因子，对建设用地变化影响较大的是水系距离因子，对未利用地影响较大的是高程和水系距离因子。由此得出，生态空间碳汇格局变化的主要驱动因素为高程、坡度、人口密度和水系距离。

北部湾城市群土地利用格局地理加权回归分析拟合优度表（R^2） 表 3-29

地类	d_1	d_2	d_3	d_4	d_5	d_6	d_7	d_8	d_9	p 值
耕地	0.33	0.29	0.29	0.27	0.31	0.27	0.26	0.29	0.33	< 0.01
林地	0.34	0.32	0.32	0.30	0.34	0.28	0.28	0.30	0.33	< 0.01
草地	0.15	0.13	0.13	0.13	0.14	0.14	0.13	0.16	0.15	< 0.01
水域	0.10	0.11	0.12	0.10	0.08	0.09	0.09	0.11	0.11	< 0.01
建设用地	0.07	0.06	0.06	0.06	0.06	0.06	0.06	0.10	0.08	< 0.01
未利用地	0.12	0.09	0.10	0.09	0.09	0.10	0.10	0.12	0.11	< 0.01

注：d_1、d_2、d_3、d_4、d_5、d_6、d_7、d_8、d_9 依次代表高程、GDP、人口密度、坡向、坡度、距高速公路距离、距铁路距离、距水系距离、距普通道路距离的驱动因子。

第四章

协同之路——低碳协同的规划设计

湾区城市群一般跨越几个区域或行政边界，同时包括海域空间，导致城市群空间规划难以开展与落实。本章以北部湾城市群为对象，以低碳协同发展为主线，立足国土空间规划，探索性提出湾区城市群低碳协同规划设计的总体路径与基本内容。

第一节　规划设计总体路径

通过综合探索，湾区城市群的低碳协同规划设计可以按如下规划程序进行：第一步，遵循底线思维，守好国土空间规划中的“双评价”与“三区三线”，构建好生态安全格局和碳汇型基底格局；第二步，进行规划，主动对接国土空间规划与国土空间生态修复，运用相关工程措施（如自然生态系统的恢复工程、“城市双修”等）进行低碳协同的规划对接；第三步，设计方法创新，建立相关理想模型与可视化方案，运用国土空间规划语境下的城市设计，使低碳协同发展下的城市规划更具魅力和温度；第四步，有序安排规划管控路径，建立碳源碳汇资源再配置的精准分配体系。

一、守好底线思维，创建基底安全格局

安全格局构建是有序对接国土空间规划“双评价”成果与低碳城市规划的中间程序。构建生态安全格局时，通常依据生境格局与生物过程的互动反馈，从末端的生态治理改向前端的生态管理，对生态系统与单体自然生态因子进行有效配置，从而保障区域自然资源和基础设施相契合，具体表现为“生态源识别—阻力面构建—生态廊提取”的构建范式。构建北部湾生态安全格局是湾区城市群实施可持续发展战略的现实需求。基于形态学空间格局分析法（MSPA）和景观连通性指数识别生态源地，运用 MCR 模型和重力模型识别城市群生态廊道与生态空间格局，从而形成北部湾城市群生态安全格局，并在此基础上提出国土空间规

划背景下的优化对策。

基底安全格局中的战略点指影响和控制区域生态安全的重要空间节点。增设、改造和恢复战略点有助于提升区域生态效能。基于生态廊道构建结果，提取廊道间的交叉点作为基础战略点；考虑到北部湾城市群内水系和交通体系较为发达，进一步提取廊道与主要河流水系的交汇点作为水资源保护的生态节点；提取现有主要城际交通路网与廊道的交叉点作为需重点修复的生态断裂点。

基底安全格局中可以有机介入绿色基础设施建设。绿色基础设施（GI）是指由自然空间或人工及半人工的绿色植被、水体等构成的相互连接的绿色空间网络，可提供多种类型生态服务。城市群绿色空间作为城市生态系统的重要组成部分，是城市群主要的直接碳汇途径。从景观生态学角度分析 GI 网络结构和空间格局，量化其碳汇效益和碳汇能力，并提出增汇导向下的优化方法，有助于维护湾区城市群生态格局以及促进“双碳”目标的实现。可以利用 CASA 模型估算北部湾城市群年总 NPP 的分布情况，采用相关性分析方法分析 GI 要素类型和景观结构对 GI 碳汇效益影响。增汇导向下 GI 空间格局的优化途径如图 4-1 所示。

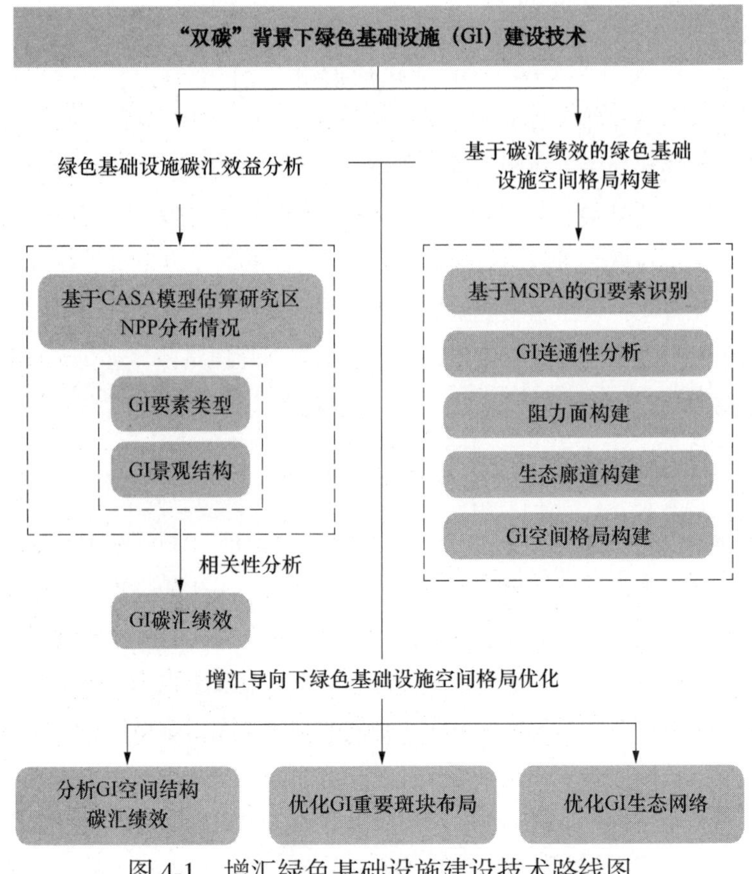

图 4-1　增汇绿色基础设施建设技术路线图

二、科学运用规划，有机对接生态修复

低碳规划、陆海统筹与国土空间规划需要协同推进。2021年中央财经委员会第九次会议等国家重要政策与会议多次指出国土空间规划对碳中和目标实现的作用。如今的城市建设需要推动生产生活碳达峰，在全域国土空间范围增加“绿色碳汇”和“蓝色碳汇”，打造蓝绿共融的生态型“碳中和”国土空间。可以看出，碳排碳汇是城市规划调控的重点对象。对城市规划学科而言，如何通过国土陆海空间中实体空间的形态格局调控、降低碳排强度并增加固碳速率是具有实践意义的科学命题。

科学运用规划，有机对接生态修复，可从增强国土碳汇空间结构稳定性与安全格局“一张图”的视角，为国土空间生态修复、国土开发保护格局构建和海陆统筹规划提供规划编制参考与实践指导：首先，为相关国土空间专项规划编制提供科学依据；其次，为全域国土（陆、海）、保护格局（山、水、林、田、湖、草、海、沙）等加入国土空间规划“一张图”提供技术引领；最后，为空间规划的精细化管控和碳中和战略的有机融入提供可行性方案。

三、提出创新设计，构建协同优化模型

依据相关低碳要素及城市内部建设用地低碳策略，尝试建立北部湾城市群各等级城市低碳空间优化的低碳协同模型。低碳协同模型是在未来可持续发展的基础上，确保城市稳步发展的同时建立的更为合理科学的城市布局方案，以预防高碳化等城市问题。

第一，北部湾城市群中心城市的低碳协同模型构建（附录图14）。《北部湾城市群发展规划》中提出的北部湾城市群中心城市为南宁、湛江与海口，分别为内陆城市和沿海城市，共同特征是两者都拥有较为庞大的城市主城区规模和相对成熟的发展布局。依据中心城市的定位特征，中心城市在城市群内占据重要作用，需要具有较强的辐射带动和枢纽调控作用，同时还需具备较为成熟的功能体系。中心城市低碳模型推崇依靠路网及自然地形的分割形成多组团，其中每个组团各自独立发展组团核心。即多层次代表中心城市复杂的交通网络，多中心代表城市多组团布局的发展模式。北部湾城市群中心城市理想模型基于复合多元的结构，融合自然地形及景观格局，构建多样的城市形态，发展飞地独立组团模式，积极利用内部条件构建绿地与建设用地交织的布局，同时在组团中规划不同模式的生态绿地，形成生态网络。利用自然格局分割建设用地形成组团，避免用地集聚，防止面积过大，形成跳跃增长，避免连片扩张。工业用地单独布置，设置隔离，避免碳浓度堆积。整体空间布局的目的在于缩短碳汇距离，提高碳汇效应，

加速建设用地空间产生的二氧化碳的扩散和吸收。由人工控制规划的路网设计严格依据自然地形，尊重地形走势变化，形成起承转合、融合自然的路网布局。把自然山林、外围优质土壤区域作为禁止开发的生态涵养区，以稳定城市群及城市内外的生态平衡，最大限度地吸收建设用地产生的二氧化碳。通过多种参数预判并划定城市未来的生长边界，“由上至下”地调控建设用地生长，反向防止土地开发过度。建立隔离生态用地与建设用地的缓冲过渡区，防止两者相互干扰。

第二，北部湾城市群节点城市的低碳协同模型构建（附录图 15）。北部湾城市群节点城市低碳协同模型结合了节点城市传统的发展模式。节点城市不似中心城市，其城市职能更具有方向性，强调发展特定的功能，城市规模也不比中心城市大。结合相关低碳布局特性，节点城市低碳协同模型以“多中心复合发展、组团布局避免过度集聚，注重单层次特色”为发展基调，形成与中心城市不同的单层次布局，同时发展多组团隔离布局来促进建设用地的碳流沉降。结合多方参考数据划定未来城市的生长边界，建设用地的生长模式以飞地式跳跃发展为主，建设新区飞地或卫星城市，保留内部自然景观特色，充分利用地域山水景观构建错落有致的城市低碳格局，积极融合内外山水林地构建“水廊”“绿心”。即像中心城市低碳布局一样，融合自然山水地形格局构建连通节点城市内外的低碳生态绿地网络体系，打造丰富的绿色水网以实现空间低碳化。同时注重工业组团的低碳规划。由于节点城市普遍重视自身产业建设发展的硬需求，针对工业组团的规划更应融合相关低碳规划理念，综合考虑工业产区的布局位置和内部规划，在城市下风向及内外交通便捷处进行选址。节点城市整体发展程度不及中心城市成熟完善，城市未来规划有较大的提升和改变空间，更需要提前融入低碳发展的整体构想，未雨绸缪，预防城市发展带来的高碳高熵问题。

第三，北部湾城市群一般城镇的低碳协同模型构建（附录图 16）。一般城镇整体发展较缓，有较大的提升空间。同样保持原有自然格局不变，发展组团式布局模式，提倡建设用地分散式布局，城市整体形态“去规整化”、多样发展。一般城镇的理想模型以“独立组团布局、单心突出发展重点”为低碳发展基调，构建多点多廊的生态绿地格局。延续一般城镇单心单层次的发展格局，需要强化城市内部建设用地与生态用地等非建设用地的相互依存性，构建共生发展的布局形式。结合多方参数划定一般城镇建设用地生长边界。由于等级越小的城市发展相对较缓慢，城市内部布局有较大的提升优化空间，未来一般城镇在建设初期需重点将种种低碳布局设计融入建设开发。其余相关低碳布局手法与中心城市和节点城市空间内部布局一致。在考虑不同等级城市的低碳发展时，需综合考虑各等级城市发展现状与未来发展预判，融合不同区位的地理情况，最大程度地保护原有环境，融合自然进行布局规划。由于各城市发展速度与发展情况不同，低碳发展也需各自有所侧重。依托低碳设计主旨策略及相关低碳模型，在未来的城市低碳布局中最大程度地防止城市内部因二氧化碳排放过多出现高碳堆积形成碳心，注重能源流的疏散和碳循环，从建设用地布局的角度促进固碳反应，以达到减排需求。

四、出台多元精准管控制度，构建规划传导机制

（一）用地准入与用途管制

以北部湾城市群为例，分析全域国土空间6种土地利用类型的转移情况，进行土地转移矩阵分析，标记各地类的转化率（图4-2）。结果表明，2000—2010年间，草地的主要转入来源为耕地和林地，耕地的主要转入来源为林地，建设用地的主要转入来源为耕地，林地的主要转入来源为耕地，水域的主要转入来源为林地和耕地，未利用地的主要转入来源为林地。根据土地转移规律对土地类型与相关用地分类之间的控制与管理兼容性进行分析（表4-1）。

2000年 \ 2010年	草地	耕地	建设用地	林地	水域	未利用地	合计	减少	转出比例（不计新增）
草地	1249	978	50	503	43	1	2824	1575	126.10%
耕地	492	41692	384	3468	459	0	46495	4803	11.52%
建设用地	9	314	2118	118	25	0	2584	466	22.00%
林地	442	3852	159	57256	408	2	62119	4863	8.49%
水域	46	306	25	389	2201	1	2968	767	34.85%
未利用地	1	1	0	2	1	3	8	5	166.67%
合计	2239	47143	2736	61736	3137	7	116998	—	—
新增	990	5451	618	4480	936	4	—	—	—

（a）

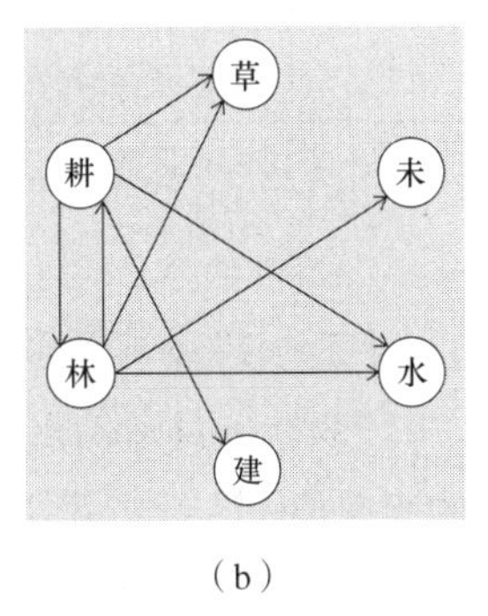

（b）

图4-2 北部湾城市群土地转移矩阵分析表（2000—2010年）

土地准入控制与管理兼容性表格 **表4-1**

用地分类		草地	耕地	建设用地	林地	水域	未利用地
城镇用地	商业服务业用地	○	×	○	△	△	△
	交通运输用地	○	×	○	△	△	△
	公用设施用地	○	×	○	△	△	△
	绿地与开敞空间用地	○	△	×	○	○	△
村庄用地	农业设施建设用地	○	×	○	○	○	△
工矿用地	采矿用地	×	×	○	×	×	△
	工业用地	×	×	○	×	×	△
坑塘沟渠	干渠	○	○	△	○	○	△

续表

用地分类＼土地类型		草地	耕地	建设用地	林地	水域	未利用地
耕地	农田	○	○	×	○	○	△
园地	果园	○	○	△	○	○	△
	茶园	○	○	△	○	○	△
	其他园地	○	○	△	○	○	△
林地	乔木林地	○	△	△	○	○	△
	竹林地	○	△	△	○	○	△
	灌木林地	○	△	△	○	○	△
	其他林地	○	△	△	○	○	△
其他土地	空闲地	○	○	○	○	○	△
	田间道	○	○	×	○	○	△
	裸土地	○	○	○	○	○	△

注：○表示允许兼容；△表示允许或不允许兼容由行政管理部门根据具体规划要求确定；× 表示不允许兼容。

（二）建设与活动控制

“双碳”目标的重点之一是生态空间增量增质。湾区城市群具有生态多样性的固有特点，而人类活动的复杂性导致其生态空间更易被侵害。因此，需要针对湾区城市群的生态空间进行相关建设活动、人类活动与用途控制。将湾区城市群的生态空间分为生态关键区、生态调节区以及生态双修区。其中生态关键区包括生态源地和生态廊道等生态重点保护区域；生态调节区是城市群与生态源之间的过渡地带，往往以农业生产空间为主；生态双修区是城市群及其发展的前沿地带，包括“城市双修”需要注重的生态空间，需着重注意平衡发展与保护。

（三）设施落地控制

在湾区城市群三类生态空间对设施建设活动进行限制，可以制定设施控制与管理正负面清单（表 4-2）。

设施控制与管理正负面清单表　　表 4-2

设施类型＼分级保护区		生态关键区	生态调节区	生态双修区
道路交通	1. 栈道	○	—	—
	2. 土路	○	○	○

续表

设施类型 \ 分级保护区		生态关键区	生态调节区	生态双修区
道路交通	3. 石砌步道	●	○	○
	4. 其他铺装	○	○	○
	5. 机动车道、停车场	△	○	●
	6. 索道等	×	×	×
餐饮	1. 饮食点	○	○	●
	2. 野餐点	—	○	○
	3. 一般餐厅	○	—	●
	4. 中级餐厅	×	—	○
	5. 高级餐厅	×	—	○
住宿	1. 野营点	○	○	○
	2. 家庭客栈	○	○	○
	3. 一般旅馆	△	○	○
	4. 中档宾馆	—	×	○
	5. 高级宾馆	—	×	○
宣讲、咨询	1. 解说设施	●	○	—
	2. 咨询中心	○	○	—
	3. 博物馆	—	○	○
	4. 展览馆	—	○	○
	5. 艺术表演场所	×	○	○
购物	1. 商摊	△	○	○
	2. 小卖部	△	○	○
	3. 商店	×	△	○
	4. 银行	—	—	○
卫生保健	1. 卫生救护站	○	○	○
	2. 医院	—	—	○
	3. 疗养院	×	×	○
管理	1. 景点保护设施	●	●	—
	2. 游客监控设施	●	●	—
	3. 环境监控设施	●	●	●
	4. 行政管理设施	△	○	●

续表

设施类型＼分级保护区		生态关键区	生态调节区	生态双修区
游览设施	1. 风雨亭	○	●	●
	2. 休息椅凳	○	●	●
	3. 景观小品	○	○	○
基础设施	1. 邮政设施	○	○	●
	2. 电力设施	○	○	●
	3. 电信设施	○	○	●
	4. 给水设施	○	○	●
	5. 排水设施	○	○	●
	6. 环卫设施	○	○	●
	7. 防火通道	○	○	●
	8. 消防设施	●	●	●
其他	1. 科教、纪念类设施	○	○	○
	2. 节庆、乡土类设施	△	○	○
	3. 宗教设施	△	△	○
	4. 水库	△	△	○

注：●表示应该设置；○表示可以设置；△表示可保留不宜设置；×表示禁止设置；—表示不适用。

第二节　碳汇空间安全格局构建

一、格局构建步骤与方法

（一）碳汇空间景观分类

利用形态学空间格局分析法（Morphological Spatial Pattern Analysis，MSPA）进行北部湾城市群陆海碳汇空间景观分类与源地识别。值得注意的是，水体、海域虽具有强碳汇功能，但由于其物理特性与独特的生态意义，不作为本研究区域碳汇源地的储备用地。MSPA 基于二进制派生二元图，进行像素几何的描述与斑块关联，依据土地利用数据区分前景（自然生态要素）和背景（非自然生态要素），生成核心区、孤岛区、环岛区、桥接区、孔隙区、边缘区和支线 7 类模式（附录图 17、表 4-3）。借助 Guidos 软件，导入以高碳汇用地（一类碳汇用地为主，剔除水体、海域，围绕林地、草地）为分析前景的 GeoTIFF 二值栅格数据文件，采用八邻域1000m边缘宽度进行MSPA分析，最终得到互不重叠且具备不同生态学含义的碳汇景观。

MSPA的景观类型及其生态学含义表 **表4-3**

景观类型	生态学含义
a. 核心区	前景中较大且与周边区域具有明确界限的碳汇斑块，是大型且连续的物种栖息地
b. 孤岛区	连接度较低、孤立破碎且无法容纳核心区的小斑块，碳流通与交互渗透较少
c. 环岛区	连接同一核心区的廊道，是同一核心区内生物物种迁移的捷径
d. 桥接区	连接不同核心区的廊道，是碳汇网络中生物与景观连通的路径
e. 孔隙区	核心区与内部非绿色景观斑块之间的过渡带，即内部斑块边缘
f. 边缘区	核心区与外部非绿色景观区域之间的过渡带，即外部斑块边缘
g. 支线	一端与边缘区、孔隙区、桥接区、环岛区相连的区域
h. 背景	除去前景景观的剩余景观区域，多为非主要、非自然要素土地

（二）碳汇源地提取与分级

（1）提取方法

将MSPA提取出的核心区作为碳汇源地的预选斑块。这些斑块要通过北部湾城市群生态敏感性与生态服务功能检验，确保在碳汇量、生态敏感性、生态服务功能方面，均有相当的承载力。

生态敏感性方面，结合实际地物信息，构建生态敏感性评价体系，对地形坡度、植被与保护区、土地利用类型与水土保持能力4类敏感因子按照“取大”原则进行镶嵌。考虑到建设用地为已建成区域，生态敏感性较低，且基本不可恢复，故采用“取小”原则进行栅格嵌置。评价体系中，地形坡度、植被与保护区、土地利用类型均可获取数据，水土保持能力由石漠化程度、水土流失度、土壤侵蚀度综合判定。其中，土壤侵蚀度是坡度和植被覆盖度数据的栅格组合，水土流失度与石漠化程度需进行二次计算，计算公式为：

$$A_i=\sqrt[4]{R_i\times K_i\times LS_i\times C_i} \tag{4-1}$$

式中 A_i——评估区域 i 的水土流失敏感性；

R_i——评估区域 i 的降雨侵蚀力因子；

K_i——土壤可蚀性因子；

LS_i——地形起伏度因子；

C_i——植被覆盖因子敏感性分级值。

$$S_i=\sqrt[3]{D_i\times P_i\times C_i} \tag{4-2}$$

式中 S_i——评估区域 i 的石漠化敏感性指数；

D_i——评估区域 i 的生态系统类型；

P_i——地形坡度；

C_i——植被覆盖度。

生态服务功能方面，采用千年生态系统评估（MA）方法。在区分不同地类生态系统及其服务功能（食物生产、原料生产、水资源供给、气体调节、气候调节、净化环境、水文调节、土壤保持、维持养分循环、生物多样性和美学景观共11种）的基础上，参考谢高地等对生态系统服务价值基础当量的评估方法，制定北部湾城市群生态系统服务价值基础当量因子表。同时确定单位生态系统服务价值标准当量因子，以此为参照确定其他生态系统服务当量因子，表征和量化不同类型生态系统对生态服务功能的潜在贡献能力。不同生态系统的服务价值计算公式为：

$$D=S_r\times F_r+S_w\times F_w+S_c\times F_c \tag{4-3}$$

式中　D——当年份一个标准当量因子的生态系统服务价值量，元 /hm^2；

S_r——稻谷的播种面积占三种作物播种总面积的百分比，%；

S_w——小麦的播种面积占三种作物播种总面积的百分比，%；

S_c——玉米的播种面积占三种作物播种总面积的百分比，%；

F_r——全国稻谷的单位面积平均净利润，元 /hm^2；

F_w——全国小麦的单位面积平均净利润，元 /hm^2；

F_c——全国玉米的单位面积平均净利润，元 /hm^2。

$$V_i=\sum_{i=1}^{n}A_i\times B_i\times D \tag{4-4}$$

式中　V_i——生态系统 i 的总服务价值，元 /hm^2；

A_i——第 i 个生态系统的面积；

B_i——第 i 个生态系统的基础当量。

生态敏感性、生态服务功能的检验结果仅作为碳汇源地的筛选条件，不做赘述。此外，源地的面积大小要满足一定的条件，足以在区域格局中承担连通作用。根据相关研究与北部湾城市群现状，拟在广西、广东区域内提取面积大于300km^2 的核心区作为碳汇源地，在海南区域内提取面积大于 100km^2 的核心区作为生态源地。随后，对现状 3 个年份（2000 年、2010 年、2020 年）的碳汇源地时空演变进行定量评价，确定维护碳汇网络中结构连通性所需的特殊模式。

（2）分级方法

依托 Conefor2.6，使用基于拓扑空间（图论）的整体连通度指数（integral index of connectivity，*IIC*）和可能连通度指数（probability of connectivity，*PC*），科学量化北部湾城市群碳汇源地中维持或改善碳流通的重要性。根据北部湾城市群地物历史和现状影像，将源地连通距离阈值（distance threshold，DT）设置为 30000m，源地连通概率（correspond to probability，CP）设置为 0.5，分别计算源地斑块的 IIC 与 PC，最终引入斑块重要性指数（important value of the landscape patches，dI），均分权重以统筹区域景观中 d_{IIC} 与 d_{PC} 两项连通性指数。计算公式为：

$$d_{\mathrm{IIC}}=\frac{\sum_{i=1}^{n}\sum_{j=1}^{n}\frac{A_i\times A_j}{1+C_{ij}}}{A_{\mathrm{e}}^2} \tag{4-5}$$

式中 d_{IIC}——区域景观整体连通性指数；

A_{e}——区域景观总面积；

n——景观面 e 中的斑块总量；

A_i——碳汇斑块 i 的面积；

A_j——碳汇斑块 j 的面积；

C_{ij}——碳汇斑块 i 和 j 在最短路径下的连接总量。

$$d_{\mathrm{PC}}=\frac{\sum_{i=1}^{n}\sum_{j=1}^{n}A_i\times A_j\times P_{ij}^{*}}{A_{\mathrm{e}}^2} \tag{4-6}$$

式中 d_{PC}——区域景观可能连通性指数；

A_i、A_j、A_{e}、n 同公式（4-5）；

P_{ij}^{*}——碳汇斑块 i 和 j 之间的最大连通概率。

$$d_{\mathrm{I}}=0.5d_{\mathrm{IIC}}+0.5d_{\mathrm{PC}} \tag{4-7}$$

式中 d_{I}——区域景观斑块重要性指数。

（三）碳汇空间阻力面设定

碳汇空间阻力面是碳汇网络构建的基础，能够综合表征区域景观中物质和能量的流动以及碳元素的流通。运用电路理论创建的碳汇空间阻力面即为电阻表面，是后续输出区域景观累积电流密度图的基准要素面。本文运用最小累积阻力模型（minimum cumulative resistance，MCR），区分土地利用类型、基础设施建设等，并将其作为电阻表面阻抗因子的赋值依据（表 4-4），根据不同土地类型对生境物种迁徙选择、碳元素流通的影响差异，计算碳汇源地中物种 / 碳元素向外扩张的累积耗费电阻，进而构建 2000 年、2010 年、2020 年的基准电阻表面，计算公式为：

$$R_{\mathrm{MC}}=f_{\min}\sum_{j=n}^{i=m}D_{ij}\times R_i \tag{4-8}$$

式中 R_{MC}——碳汇源地斑块 j 扩散至某点的最小累积电阻值；

D_{ij}——物种/碳元素从碳汇源地栅格 j 到空间某一点所穿越的景观基面 i 的空间距离；

R_i——基面 i 对碳流通过程或物种运动的基本电阻系数。

基准电阻值表　　表 4-4

土地类型	林地、红树林	草地	耕地	滩地、滩涂	其他内陆水体、二级、三级道路	建设用地、省道、一级道路	浅海水域、国道
电阻值（无量纲）	3	20	50	100	200	1000	2000

基于基准电阻表面，拟使用对应年份的夜间灯光数据、不透水表面指数与植被净初级生产力指数 NPP 修正自然生态流在阻力面中的可流通性能，对北部湾城市群的城市生态状况和总体建设格局进行有效度量，最终形成修正电阻表面。值得注意的是，当实际地物景观表征为无人类活动的纯自然状态时，夜间灯光数据和不透水表面指数将显示为 0，此时使用植被净初级生产力指数 NPP 代表自然地类的固碳释氧能力，展示自然低阻力用地的内部空间差异。由于 NPP 数据不度量水域，当地物景观对应水域时，栅格 i 不参与阻力修正。其修正公式为：

$$R_{\mathrm{RE}}=R_{\mathrm{MC}}\times\frac{1}{3}\left(\frac{C_{\mathrm{NL},i}}{C_{\mathrm{NL}}}+\frac{C_{\mathrm{IS},i}}{C_{\mathrm{IS}}}+\frac{C_{\mathrm{NPP}}}{C_{\mathrm{NPP},i}}\right) \tag{4-9}$$

式中　R_{RE}——修正后的栅格阻力值；

R_{MC}——未修正的最小累积阻力值；

$C_{\mathrm{NL},i}$——栅格 i 处的夜间灯光指数；

$C_{\mathrm{IS},i}$——不透水表面指数；

$C_{\mathrm{NPP},i}$——植被净初级生产力；

C_{NL}——栅格 i 对应土地景观类型的平均夜间灯光指数；

C_{IS}——平均不透水表面指数；

C_{NPP}——平均植被净初级生产力。

（四）碳汇廊道提取与分级

电路理论将连通性评价模型中的“随机游走理论”与行为生态学联系起来，在预测物种随机迁徙路径、种群扩散概率、碳元素流通与蔓延方面表现突出，其对应的景观生态解释如表 4-5 所示。此外，图 4-3 展示了“随机游走理论”的电路态势：碳基生物/物种（随机游走者）在通过节点（a、b、c、d）时，会根据电阻的大小调整具体路径或发生 M_A、M_B、M_C 等多种转线行为。与电路理论中的欧姆定律类似，物种在初始节点 a 与目标节点 d 中的通行能力与两者之间的路径多样性（即通行概率）呈正比，与 a、d 间的阻抗呈反比，表达式为：

$$I = U/R \tag{4-10}$$

式中 I——电流，A；

U——电压，V；

R——电阻，Ω。

其对应的景观生态学含义见表 4-5。

电路理论对应的景观名词及其生态学含义表　　表 4-5

电路名词	对应景观名词	生态学含义
a. 电阻	阻力	生境中物种迁徙或扩散所遇到的阻抗，值与生物迁徙难度成正比
b. 电导	生境适宜度	生境中栖息地景观的渗透性与适宜度，值与物种扩散能力成正比
c. 电导率	廊道连接度	像元间连接度的测定指标，表征为物种扩散所经路径节点的频率，值为电阻值的倒数，与物种扩散能力成正比
d. 电流源	源地	景观中生境质量高且适宜物种生存的景观斑块，属栖息地源点
e. 电流	源地连通性能	生境中指定物种（游走者）离开巢域范围进行疏散与迁徙运动，在到达目标巢域之前通过景观节点的净次数，值与通过对应景观节点的净迁移概率成正比，电流密集地带一定程度形成“辐射道”
f. 电压	源地连通概率	生境中任意物种（游走者）离开巢域进行迁徙运动，成功到达指定景观节点或巢域源地的净迁移概率，是 d_{PC} 选取的依据

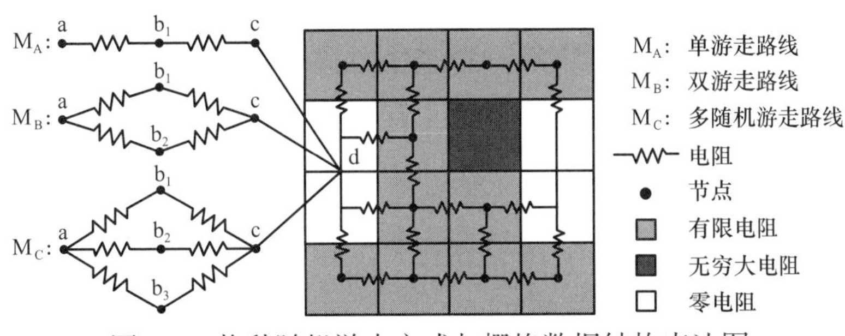

图 4-3　物种随机游走方式与栅格数据结构表达图

基于电路理论，使用 Circuitscape 软件进行 3 个年份碳汇廊道的生成与重要性计算，输出代表连通性程度的电流密度图。另外，使用 Linkage Mapper 的 Linkage Pathways 功能生成碳汇源地之间承载生态流与能量流的低阻力生态通道，提取潜在廊道。基于最小化边际损失原则（principle of minimizing marginal loss，PMML）与附加效益函数去除规则（additional benefit function，ABF），采用分区模型（zonation model，ZM）对生成的电流密度图进行像素级排序，筛选潜在廊道排名前 10% 的栅格像元作为关键走廊区域，形成关键生态廊道。

（五）多类别碳汇夹点提取

借助 Circuitscape 软件生成的电流密度在景观生态学中可定义为物种通过某一像元要素的频率或某一像元要素所经物种的丰富度，其值与物种通过该区域内的可能性与选择频率成正比，可以用来识别生态网络中的“夹点”地带（即高电流密度区）。根据地物历史和现状影像，运用 Linkage Mapper 中的 Barrier Mapper、Pinchpoint Mapper 功能，赋予每个源地节点 1A 的电流值并设置廊道成本加权宽度为 150000m，最后选择“all to one”模式进行迭代运算，筛选电流密度大、处于廊道瓶颈点与窄点地带且具有较强不可替代性的斑块作为夹点。夹点不仅可以利用上述方法提取，还可以根据地物现状进行实地判别。夹点实现的作用有承载、阻碍、断裂等，分类如下：

（1）“踏脚石”型夹点

随距离增加，碳汇廊道对物种 / 碳基生物迁移过程的阻力值也会越大，需要具有一定面积的生态、碳汇要素或实体斑块作为生物迁徙过程中短暂的栖息场所，即“踏脚石”型夹点，以降低斑块间的距离，提高物种在迁移过程中的频率与成功率。碳汇网络中重要廊道之间以及廊道与水系的交汇点、两个碳汇源地之间廊道穿越的重要碳汇生境斑块、长距离碳汇廊道重要转折点均可通过识别筛选，经过与实际土地利用情况的比较，最终确定为需要规划建设的主要的“踏脚石”型夹点。

（2）“障碍点”型夹点

碳汇网络中的“障碍点”型夹点是基质面中严重影响物种 / 碳基生物迁徙的区域。“障碍点”型夹点面积通常较小，但严重降低景观连通性，使碳流通变得缓慢，导致通过此处的生物数量减少，迁徙过程延长。该类节点通常包含：干扰迁移生物的交通干道、农林用地、部分夹杂在林地中的耕地、宽度较大的河流水域等。“障碍点”型夹点可以采用 Linkage Mapper 相关子功能工具，通过移动窗口搜索方法识别，并经过与遥感卫星影像中现状土地利用方式的对比得到。

（3）“断裂”型夹点 / 脆弱点

“断裂”型夹点是廊道中存在的一些生境质量较差的区域或者斑块，碳汇能力脆弱，极易转变为三类碳汇用地甚至碳排用地，并波及周围土地。它们导致碳汇廊道过窄，造成廊道的断裂与破碎。“断裂”型夹点识别与对应修复措施的制定对构建可持续发展的北部湾城市群大尺度网络体系具有深远影响。识别“断裂”型夹点主要利用 GIS 空间叠置技术，提取构建完成的潜在碳汇网络与修正后的城镇建设阻力面、水土涵养格局、地质灾害易发点等的交汇点，对比交汇点与实地影像，最终筛选确定。

二、构建结果与演替规律

（一）MSPA 景观要素提取结果

MSPA 景观要素空间分布结果显示，核心区以大块状分布在研究区的西部和南部，以零散形式分布在广西与广东的东部。中部核心区相对较少，较为断裂和不连续，因此，东西部陷入景观衔接不连续的困难处境。碳汇源地候选区的核心区在这几类前景景观中占地面积最大（图 4-4），在 26000km^2 上下浮动，占比 32% 左右，2010 年面积最大，2020 年面积最小；连接景观走廊的桥接区面积仅次于核心区，在 25000km^2 上下浮动，桥接区是连接不同核心区的廊道，是碳汇网络中生物与景观连通的路径，为一种初步的碳廊模式。3 个研究年份的桥接区面积与核心区不相上下，表明碳廊与碳汇源地处于一种共生与伴生状态。受边缘效应影响的边缘区和孔隙区在除去核心区的前景要素中占地面积为第三梯队，占地 1000～17000km^2 不等；支线使得走廊连接中断，面积占 9% 左右；有孤立斑块特征的孤岛区、环岛区面积居于末位，占比均 5% 以下。面积变化方面，各区域面积的增长或下降趋势较为复杂，没有统一规律。如 2000—2020 年核心区面积先增后减，而桥接区与背景区域中的开口区均先减后增。

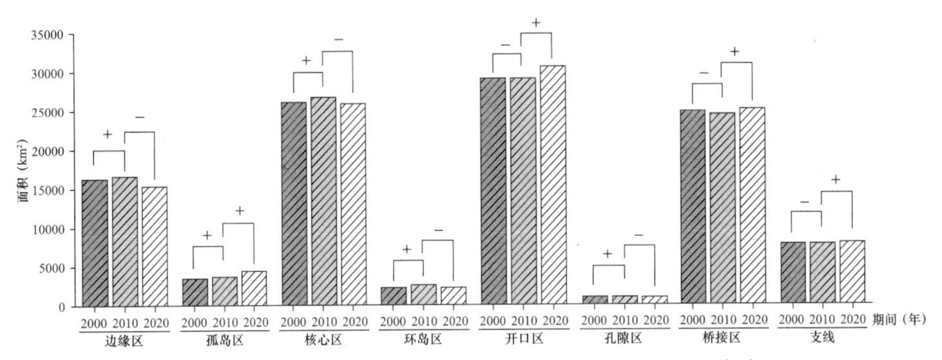

图 4-4 2000 年、2010 年、2020 年 MSPA 景观分布图

（二）碳汇源地分布与变化规律

通过生态敏感性与服务功能及其他要求（面积要求、完整性要求等）检测 MSPA 中的核心区，分别在 2000 年、2010 年、2020 年筛选出 16 处碳汇源地。这些碳汇源地主要是大型生态斑块，如广西的大明山水源涵养与生物多样性保护区、广东的三山（天露山、云雾山、云开山）水土保持区、海南的双岭（霸王岭、尖峰岭）生物多样性维育区、武鸣—隆安岩溶山地与生物多样性保护区、桂西南岩溶山地与生物多样性保护区、马山—上林红水河流域岩溶山地水土保持生态保护区这些能够有效储存能源和生物必需营养物质的碳汇生境。

北部湾城市群 2000—2020 年碳汇源地斑块重要性指数 dI 与所属碳汇量变

化情况如表 4-6 所示。总体来看，虽然 3 年的源地总数是 16 个，但是源地的面积、*dI* 指数、碳汇含量一直在变化，直接导致碳汇源地的编号出现变更。变更的碳汇源地编号，表明面积和 *dI* 指数的变化（甚至是碳汇源地更迭和退出）。比如 2000 年 9 号源地，在 2010 年仍位于第 9 位，但在 2020 年，由于斑块的断裂、破碎，不足以成为具有足量完整度的源地斑块，进行了退位。又比如 6 号源地，在 2010 年转为 5 号，面积相对减少，重要性相对降低，而在 2020 年升级至 7 号，面积相对增加，重要性相对提升。北部湾城市群东侧的源地斑块更迭变化比较剧烈，如 2000 年的 3 号、12 号、14 号，以及中部 9 号、13 号，其大小、位置都一定程度发生了变化。此外，具有显著变化的源地如 5 号、8 号、11 号，或由于景观的断裂，或因为内部变化和面积缩小，难以继续成为具有足够生境质量和碳汇供给能力的源地，重要性也产生了相应的变化。总体来看，该格局始终以源地 1 为核心：1 号源地（即环十万大山碳汇斑块）在北部湾城市群总体碳汇源地格局中占据最中心与最主导位置，斑块重要性指数 *dI* 接近其余斑块的 6～10 倍，碳汇含量是其余斑块的 4～15 倍。与 2000 年相比，2010 年 1 号的 *dI* 值有所下降，2020 年大幅上升，而碳汇含量逐年上升，趋势稳定。海南地区的源地重要性和面积一直处于末位，要注意斑块难以支撑该区域内碳氮循环，进而丧失作为源地资格的情况。

2000 年、2010 年、2020 年碳汇源地 *dI* 与碳汇量表　　表 4-6

源地编号	*dI*（无量纲）			碳汇量（$gCm^{-2}a^{-1} \cdot 10^6$）		
	2000 年	2010 年	2020 年	2000 年	2010 年	2020 年
1	61.9256	61.1325	63.8054	371085.68	375547.97	380472.73
2	3.3632	3.7935	29.1466	91659.82	102964.40	140671.75
3	10.1533	20.5833	3.4150	73709.46	88946.49	99571.32
4	13.4949	9.7319	6.1697	79872.64	74342.47	75107.66
5	15.3177	11.5423	5.0831	72701.49	46921.39	65455.63
6	9.8694	5.9090	7.9976	45566.14	64825.00	54117.75
7	6.2478	10.0899	8.3300	63768.80	61052.19	14219.96
8	7.2790	7.3269	2.4564	53597.52	53245.38	34581.71
9	6.5119	5.8788	3.7500	38560.86	39637.32	33184.22
10	3.7517	3.8327	4.9437	23218.06	23689.94	23885.90
11	3.2356	5.0938	3.3785	26947.86	28314.62	31033.43
12	5.0051	5.1547	5.3994	25082.70	27900.69	27224.50

续表

源地编号	dI（无量纲）			碳汇量（$gCm^{-2}a^{-1}\cdot10^6$）		
	2000 年	2010 年	2020 年	2000 年	2010 年	2020 年
13	5.8257	4.8712	3.0063	24128.86	23986.00	26904.73
14	2.6896	2.5866	2.5935	25279.58	26685.86	23983.50
15	0.3554	0.4088	0.4253	14255.91	15747.61	17777.59
16	0.1656	0.1482	0.1394	5191.57	4828.57	4137.62

（三）碳汇廊道分布与优先级

不同时间节点的北部湾城市群电流密度展示了廊道的宽度、拓展性与连绵度。廊道分布最密集的区域为环十万大山区域、西大明山区域、云开山国家自然保护区、阳春百涌省级自然保护区等地区。在海南，廊道沿南部绵延，松涛水库水源保护区、永兴鸟类自然保护区、霸王岭国家级自然保护区都是电流密度最高的地区。2010 年北部湾城市群中部（环那林自治区级自然保护区）碳流廊道明显变稀疏，而到 2020 年呈现密度大幅上涨的趋势。一些较小的区域显示碳流廊道密度明显下降（主要是城镇地带的边缘区），原有支廊陆续消失，主廊宽度和面积减小。拓宽的建设用地伴随农田，侵占了林地，使碳流廊道出现断裂、稀疏、消失的现象。广西的廊道优先级总体最高，因为广西生境环境质量好，具有较多的林草分布山地。由于部分源地的破碎，广西中部地区在 2010 年突出显示出廊道断裂的现象。由于湛江缺少足量的碳汇源地，碳流廊道难以蔓延至广东地区，导致北部湾城市群的上部分与下部分出现一定程度的割裂。广东地区内部的廊道优先级大致相同，都处于第二级别。海南区域的廊道优先级较低，一方面是因为本身碳汇源地面积过小，另一方面也是因为海南区域与北部湾城市群的上部分难以构成密切联系。北部湾这一海湾的存在，不可避免地造成廊道的断裂与失联。

（四）碳汇夹点识别与分类分析

（1）“踏脚石”型夹点

“踏脚石”型夹点属于纯粹的夹点，同时“断裂”型夹点和脆弱点若以电路理论来识别，严谨来讲也属于“踏脚石”型夹点。这些夹点代表高质量的生境连接区域，也代表易断裂、强保护和需重点维育的脆弱区域。2000 年、2010 年、2020 年北部湾城市群“踏脚石”型夹点主要分布在北部湾中西部与南部（即广西区域与海南区域）。中西部夹点多、较集中，中部夹点少、连通性差。结合实际影像，可判断广西区域的夹点分布在崇左白头叶猴自然保护区、西津国家湿地公园周围（即2000年的8号源地与11号源地附近），还围绕桂西南岩溶山地生物多样性保护区分布。该区域是北部湾城市群进行碳汇空间维育和相关生态要素保持的集中地带。若不考虑夹点的大小，3个年份的北部湾城市群各有15个夹点，最大的夹点位于2000年的11号源地附近，凸显出该地区夹点的极重要性和比较突出的脆弱性。事实上，11号源地在2010年、2020年降为12号源地，重要性有所下降，与其周围频繁出现夹点的现象相吻合。

（2）“障碍点”型夹点

在成图设置中，陆续绘制20000m、40000m和80000m范围内的“障碍点”型夹点，并对输出光栅进行整合合成。2000—2020年的障碍点分布结果总体相似，但部分区域有些许变化。围绕西津国家湿地公园（即2000年11号源地附近）的障碍点陆续减少，后又增长并扩散迁移。“障碍点”型夹点可反映出障碍等级，海南地区的临霸王岭国家级自然保护区在2020年的障碍等级有所下降，但其上方东寨港国家级自然保护区、永兴鸟类自然保护区附近的“障碍点”型夹点障碍等级较之前有所提高。

（五）碳汇空间安全格局演替分析

北部湾城市群在2000—2020年的碳汇空间安全格局呈现“东西中部高、海湾两处低”的总体特征，这与北部湾城市群山地森林生态系统的空间分布格局密切相关。除湛江区域，格局内源地分布较为均匀，高敏感的碳汇生境有十万大山国家自然保护区，云雾山、天露山生物多样性保护区，海南中部水源涵养地带。高安全区或高安全的廊道集中在中西部、北部的水土保持与水源涵养区域，具有沿河流河谷分布的特征。中南部是高安全区向中安全区过渡的地带。中安全区以一般农田和商业农林用地等农业开发空间为主，集中于中南部平原。

碳汇量较高的大型森林、自然保护区占据高安全格局的主体地位，提供较高生态系统服务价值。预期在高安全格局外围适当设置生态安全缓冲保护带，用来保护敏感性较高的生境土地。中安全格局需要进行维护，主要是进行用地调整，最大程度发挥生态潜力。建议圈出中安全格局中碳汇潜力较大的源地斑块，定义土地的转换方式与转换目标。对于低安全格局部分（湛江区域为主），建议通过增植林带和置换农林用地，提升碳汇量与碳汇空间的安全性。“踏脚石”型夹点是碳汇总体格局中的重要夹点。位于碳流廊道中的“踏脚石”型夹点等级高，生境质量好，是保护、提升、圈禁的核心斑块；位于较低安全格局中的夹点（踏脚石、障碍点、脆弱点）可作为退耕还林、碳汇示范林等项目的储备斑块。

第三节 国土空间生态修复规划设计

一、湾区城市群生态修复规划设计理念

（一）湾区城市群步入蓝绿碳汇陆海统筹阶段

湾区是由一个或多个相连的海湾、港湾、岛屿组成的区域，是滨海城市特有的一种城市空间。而城市群是以大城市为中心、若干城市集聚而成的庞大的、多核心、多层次城市集群。随着经济贸易全球化的推进，湾区与城市群的结合逐渐清晰，使其进一步聚集资源与人口。这种强烈的外向性使其得以抢占全球产业链的制高点，成为全球经济发展重要的增长极。

中国湾区城市群的城镇化率是全国平均水平的两倍以上，成为人类活动最活跃和人与自然矛盾冲突最激烈的区域，是影响碳循环的核心区域和动力源之一。湾区城市群聚焦内部庞大的陆地生态系统与绿色碳汇，严重忽视海洋空间碳汇潜力，也欠缺相应保护规划与管制。事实上，地球的自我调节机制使人为排放的“碳”被陆地和海洋生态系统生物同时捕获，形成陆地碳汇（绿碳）和海洋碳汇（蓝碳）。其中海洋生态系统每年可捕获的“碳”约占海陆碳汇总和的55%，具有强大的碳汇能力。2019年5月，《中共中央　国务院关于建立国土空间规划体系并监督实施的若干意见》将陆地和海洋两大空间地理单元共同纳入“一张图”中，从顶层设计层面实现了国土空间规划的陆海统筹。在这一语境下，陆海统筹将对陆地和海洋两大地理单元的空间利用活动、碳源碳汇格局进行统一谋划，湾区特有的典型的河口三角洲、半岛和红树林湿地等被纳入总体考量。

（二）全域国土空间生态修复成为主流

不合理的国土资源开发与粗放型发展模式促使中国社会经济高速发展，但导致了环境破坏、土地失调和生态受损等一系列问题。2018年3月，重新组建的自然资源部将原国土资源部、住房和城乡建设部等部委的规划职能整合，统一行使国土空间用途管制职责，将国土空间生态修复塑造成为重整国土空间并对生态系统进行“强筋通络”式修复的系统工程。国土空间生态修复是继2017年国务院批复的“城市双修”后，将全域国土空间纳入修复范围的开创性举措。此后，自然资源部办公厅于2021年7月印发《海洋生态修复技术指南（试行）》，旨在提高海洋生态修复工作规范化水平，拟通过生态修复最大限度地修复受损和退化的海洋生态系统，再一次强调海洋生态修复的重要性。

国土空间规划背景下，陆海统筹成为湾区城市群地区生态修复的主流和必要理念。湾区城市群汇集山体、河流、城市绿地、海岸等各类国土生态要素，蓝绿

碳汇丰富且潜力巨大，有必要强化滨海城市特色，协调生态环境与经济发展之间的关系，以典型陆域受损空间和海岸带为引领，开展多要素生态修复（附录图 18）。

二、空间增汇与生态修复对策

综合对碳汇机理、碳循环过程、碳汇用地及碳汇量变化、碳汇影响因素的分析，发现自然因素对碳汇量的多寡产生很重要的影响，而地理空间格局本身是不会发生较大变化的，所以能做改变的就只剩人类活动这一因素。综上，对北部湾城市群增汇优化与生态修复的整体观为：减少人类活动的负面干扰，增加人类的正面干预。要实现整体环境的低碳，就要保证增汇与减排同步，遵循“保质、增量、控制”的空间优化方向，进行持续性的自然恢复、人工修复。“保质”是指保证区域整体生态环境的质量。有安全与健康的整体生境，才能为植被提供良好的生长环境并利于碳汇。结合地理空间格局及碳汇量分布划定不同等级碳汇区的保护范围，并重点保护高汇区域；将中高碳汇范围内的城镇、农田迁移至较低海拔的低汇区域。“增量”是指适当增加碳汇用地的数量，碳汇用地数量的增加则会带来碳汇量的增加。通过对用地布局的空间调整即置换用地类型、优化空间布局来实现。“控制”是从减排的角度出发，限制建设用地的无序扩张，通过划定人类活动的影响范围，来控制碳排量，同时减少对生态环境的侵占与破坏。结合城乡规划学、景观生态学、自然地理学等相关学科知识，从北部湾城市群城镇体系、碳汇空间结构及两者的协同关系出发，提出以下增汇优化方案与修复战略（附录图 19）。

第一，是构建北部湾城市群轴带状的城市群有机组合体系，保证健康有序的发展状态。结合北部湾城市群历年用地变化空间数据，发现各等级城市有向沿海区域延伸的趋势。国内外大多沿海城市群例如美国大西洋沿岸和太平洋沿岸城市群、日本太平洋沿岸城市群等均呈现带状空间结构特点。北部湾城市群的半封闭湾区沿海特征为其带状布局提供发展基础，外围环山中部平缓的地形特征也成为轴带发展的硬性条件。在增汇目标下对于碳汇用地的保护修复也进一步限定了城镇体系的发展空间，而轴带状城市群发展体系则会增加碳排碳汇用地的接触面，削弱碳排集聚空间，增加碳汇效率。结合北部湾城市群跨越 3 个省（自治区）的现状，以南宁、海口、湛江为区域中心城市，北海、钦州、防城港、玉林、崇左、阳江、茂名、儋州、东方为节点城市；以城市的强弱联系为引导，通过邻近城镇资源共享的方式，缩减不必要的物质能量流，形成“大分散、小集中”的布局形式；通过绿色交通走廊衔接，促进城市间的高效紧密联系，最终构成跨区域沿海拓展、内陆串联的轴带状有机组合体系，即增汇反馈下的城市群空间组合体系。

第二，是趋向性划定北部湾城市群城镇弹性发展边界，控制城市低碳扩张。北部湾城市群内不同规模等级的城市均存在扩张现象，但扩张的速率与方向各有不同，大城市扩张与蔓延现象较为严重。城市扩张是发展的诉求，在一定条件下是被允许的。但在低碳发展的目标下必须要调整城市扩张的方向及尺度，避免城镇连绵发展，形成相对独立的低碳发展节点。故针对北部湾城市群需结合城市发展趋向及外部增汇条件，划定具有弹性的城镇发展边界，以碳汇用地为绿环进行具体界限的控制，并拓展楔形绿地串联城市内部碳汇中心，整体形成发展与控制协同的界面。

第三，是实现北部湾城市群的“修养双行”，重现原有山水格局，引导城市群发展与生态回溯、修复的双向同步。北部湾城市群 2000 年的碳汇量整体最高且碳汇用地受破坏较小，处于相对原始的生态状态。故现状碳汇用地需要生态“修养”，以期回溯、重现原有山水格局。“修复”以山地、丘陵为主的较高碳汇覆盖区，严格划定保护隔离控制线及缓冲范围，将内部人类活动干扰地段迁移至低汇平原区域，进行修复还绿过程。“养”是指锁定流域上游源头生态涵养区，同时注重沿海区域海岸带及海床的恢复调整，增加具备生态防护功能的沿海基干林，保证海岸还绿还蓝。以上兼顾流域源头与终点的生态健康，为增汇提供良好环境条件，总体满足城市群未来发展与生态还绿修复同步进行的需求。

第四，是北部湾城市群可控空间的可持续调整，将片状分离式碳汇斑块调整为环网嵌套组合形态。北部湾城市群现状由于不同碳汇斑块分布较为分离且在人类改造下形状较为机械，故大片区域碳汇量明显较低，以农田斑块、草地斑块片状分布区域最为明显。若同时满足生产与增汇的需求，则需要提升高碳汇斑块的密度。构建以具备高碳汇能力的林地增植为主，可持续地调整用地，培育区域增汇节点，形成林地包围城市与农田，农田、草地与林地嵌套结合的网络布局形态，充分提升低汇区的碳汇效益。

第五，是构筑北部湾城市群永久性的增汇网络体系骨架。北部湾城市群现状生态廊道并不明显，且水域沿岸的绿化带存在断裂现象，整体缺乏跨行政界线的区域廊道框架。要保证整个城市群的增汇协同发展，需挖掘潜在生态廊道、增加流域永久性绿化带、串联重点保护区域以及各碳汇中心节点，保证生物多样性及碳汇斑块间的连通性，整体构筑永久性的增汇网络体系骨架。

此外，综合考虑前文对于碳汇用地分布、碳汇量分布、影响因素相关性分析，总结在各个阶段的空间分布问题，结合上述优化战略思考，采用问题导向式的方法针对性地思考具体优化、修复方式，并提出对应的空间增汇优化与生态修复对策，以便提取具象的空间元素，并将其落实于最终的格局优化。

区域性普遍问题包括整体碳汇用地碳排用地内部或之间存在的问题，也是造成碳汇量变低的重要原因。最为明显的是碳排用地历年来不断外扩，进而吞噬碳汇用地导致总体碳汇量降低，自然系统的自然恢复能力大幅下降，生态修复需求骤升。针对此问题采用在碳排用地外围增加限制其无限外扩的增汇绿环也作为城市蔓延的控制边界。除了外围问题外，碳排用地内部及周边碳汇量基本为负值，优化策略是将城市范围的大型碳汇斑块作为重要节点，并进行保护修复，通过增加交通干道绿化、调整低效植被用地达到增汇目的。与此相应的，是碳汇用地不断内缩且受到人类无节制活动的破坏，整体破碎化加重导致碳汇效益下降。期望通过在核心高汇区外围增加缓冲保护带，来保证核心碳汇区的生态完整性，与绿环一同形成双层保护带；将高汇区断裂点的建设用地或者农田迁移至低汇区域，并置换为林地，达到保质与增量的效果。碳汇用地形态对于碳汇量的影响分析结果表明：碳汇用地整体连通性较差、碳汇用地形态规整对碳汇有抑制作用。故可采用增加增汇廊道、修正用地边缘形态来保证碳汇量的增加。局部地区由于地形及用地分布的特殊性，出现了碳汇量低值明显区，例如沿海区域出现大量未利用地滩涂、大片农田草地聚集区内缺少乔木搭配等，导致低汇结果。可通过调整碳汇用地结构来增汇，具体策略如下：沿海区域增加基干林形成海岸线第一道生态保护屏障也是增汇屏障；大片农田草地区增加具有一定间隔的乔木林带，同时起到固土增汇的作用；近海农田与内陆邻接疏林草地置换（表 4-7）。

问题导向下增汇优化与空间修复调整对策表　　表 4-7

区域	问题	优化方式	空间修复调整对策
碳排区	碳排用地不断扩张，侵蚀碳汇用地	控制碳排用地的外扩	碳排用地外围增加限制其无序外扩的绿环
	碳排用地及周边范围碳汇量极低甚至出现负值	提升碳排用地所在区域的碳汇水平	将城市内部或周边的大型碳汇斑块作为重要节点，并保护修复，增加碳汇用地面积
	沿海区域由于存在大面积裸露滩涂	调整用地类型	增加沿海基干林，形成沿海碳汇防护屏障
高汇区 中汇区	人类活动干扰，高汇区断裂分布	用地置换	将城乡建设用地迁移至低汇区域，置换为林地
	碳汇用地不断内缩，受到人类活动破坏导致破碎化加剧	保证核心碳汇用地不受干扰	大范围高汇量的碳汇用地外围增加缓冲保护带
	碳汇用地整体连通性较差，对碳汇量产生直接、负面的影响	保持碳汇用地的景观连通性	增加自然增汇廊道（生态走廊）、半自然生态廊道（水域走廊）、人工增汇廊道（交通走廊）
	碳汇用地形态过于规整，导致碳汇量较低	调整碳汇用地的形态	修整规则、简单的碳汇用地的边缘形态
低汇区	区域大量连片农田、草地，缺少林地	调整用地结构	增加碳汇效益高的间隔林带；沿海区域农田与内陆草地进行置换

三、生态修复设计与空间规划响应

（一）技术管控，把握好生态修复设计底线

国土空间生态修复及其实务工作中，多有偏向“受损区判定—受损度评估—受损点修复”的局部修复和表面修复，缺乏关联要素的深层修复，全生命周期修复的跟踪不足。将碳汇核算、增汇规划融入空间规划，作为个体融入生态修复中，就要使用多学科集中的技术管控，从整体出发，拒绝表面修复。如利用碳核算相关技术和碳库信息建设，为碳汇产品的价值实现提供空间支撑和资源管理，又如构建系统完整的空间规划传导机制，加强规划衔接，通过“底线”“指标”“用途管控”“地类名录”等形式，提升碳汇用地准入的精准度，解决“生态修复规划”与“国土空间规划”缺乏衔接、政策管理事权交错等问题，从技术层面保证规划的科学性、时效性与高效率。

（1）传导机制

北部湾城市群等系列湾区型城市群国土空间、安全格局的修复，包含大量的工程技术、生物技术、生态技术的内容，需要主动对接空间规划，空间规划中各层级的内容，也需要主要以碳汇安全格局为基底，发挥其等同“双评价”式的作用。空间规划也要主动对接相关“碳规划”，如开发边界划定考虑以高碳汇区域作为刚性底线，城市、村庄等内部需与市县级碳汇廊道规划协同，并将跨行政区界的碳汇廊道纳入，保证规划的上下协调。合理的传导机制可以进一步在空间规划中落实碳汇源地建设与碳流廊道的流通，在一张图中绘制好碳的底图。这是由于空间规划一张图是由一套规划体系绘制的，而不是由一个规划绘制的，更不是由不同层级、内容一样的规划来绘制的。每个层级规划都要给下个层级设定底线、底边和规则，同时给下个层级预留深化、细化、创造的余地，传导机制在此间便格外突出。

其一，以“边界”“底线”的形式传导碳汇源地的边界（即MSPA景观中的边缘区景观类）、碳流廊道的边界（以电流密度确定边界宽度或者地方经验值进行缓冲区的扩散）。空间规划中的三调数据、双评价数据均可作为碳流廊道进一步细化的底图数据。对于跨行政区域，具有极大宽度的大型碳流廊道，要将内部涉及的具有拓宽效应的城市开发边界、经济地理系列规划、人类活动、产业经济规划进行协调，适当采取“飞地”行为，但也要保证碳流廊道的最低宽度，严守底线。

其二，通过“底线”“指标”“用途管控”“地类名录”形式传导碳汇源地、碳流廊道的重要性等级与其他指标的精细分级。比如林草地、耕地、园地、内陆水体等可以有序纳入范围，其他诸如工业用地、人类活动及活动热点极强的地区

需有序退出。

其三，通过“位置”“名录／清单”形式传导“踏脚石”型夹点、“障碍点”型夹点、“断裂”型夹点／脆弱点。为了提高碳流网络连通性，有序转置“清单”内阻断连通的“障碍点”与“脆弱点”的土地。如在具有穿越公路、铁路类型的障碍点“位置”处，设置点状绿色通道、护栏；环坑塘水面障碍点“位置”处设置植被缓冲带；在废弃宅基地断裂点“位置”，结合易地扶贫搬迁和土地复垦等相关政策，将废弃宅基地变更为农用地或林地。

（2）用途管制

对于国土空间范围内或者碳汇空间安全格局内的各类碳汇斑块与用地，需构建“分层—分级—分类”的用途管制体系。安全格局内的几类碳汇空间（碳汇源地、廊道、夹点）应遵循各自空间布局规律，按照特定时期的需要设定各类空间的修复或者恢复优先级，最终按照整体效益的最优来“共时”协调，而不是按照某类空间先、某类空间后的方式“顺次”协调。“分层—分级—分类”的用途管制体系助力碳汇安全格局内部空间从不同层级、重要性、类别来实现最优配比的修复时序。

分层：大区域层面，将安全格局融入三生空间，使用生态空间、城镇空间、农业空间的一级用途分区管控，来进行格局中土地资源的配置。生态空间中的碳汇斑块，自然恢复、自我修复，尽量实现紧凑发展；城镇空间中的碳汇斑块、碳汇孤岛，依循总体规划、城市设计中的绿廊规划、大型公园、街头花园等细碎的碳汇点，实现大分散布局，小集中吸碳的作用；农业空间中的碳汇斑块，有着极其脆弱的、极其敏感的特点，严管永久基本农田，不轻易占用农田的同时也保证不占用碳汇斑块。小地块层面，将碳汇安全格局与遥感影像规整结合，明确碳汇源地、夹点具体用地分类，制定细致分类准则，逐一明确管控方向。

分级：根据碳汇空间安全格局与现行空间规划冲突和“断裂”管型夹点／脆弱点的重要程度，来制定差异化的管控规则、手段与方法。对于碳汇安全格局中的不同等级、面积、连接度的斑块与廊道，明确不同管制力度、级别，以及所对应的管制要求、办法。管控的级别有三类：第一级为刚性管控，包括碳汇核心区、高密度廊道中心线、水体流失型夹点、岩溶型夹点、其他“断裂”型夹点、海岸线；第二级为有序控制，包括内陆水体、堤坝、河湖岸线缓冲、MSPA 景观中的边缘区、支线；第三级为准入与补偿，对其他碳汇格局的地类进行行为空间的准入要求、条件、程度说明，依法实行区域准入、用途转用许可和占用碳汇用地补偿制度，合法规制碳补偿、碳交易等活动。

分类：对于国土空间内碳汇用地进行一级类、二级类甚至三级类的划分。分类的标准，可以以碳汇值、碳汇量为标准，或者以碳汇斑块重要性等级为标准，抑或以碳汇用地用途为主要依据。分类体系与现行用地分类体系的分类依据、适用范围尽量一致，一级类与下级类做好对应与衔接，并根据地方（北部湾城市群各城市之间）的实际情况需求增加分类的适应性和弹性。对于北部湾城市群这一湾区型城市群，要秉守陆海统筹的理念，另外考虑该分类是否从陆域、海域两方面进行，抑或以碳汇量数据为统一标准进行分类（但过于绝对，一定程度上忽视了地类用途与其他生态服务功能）。

（二）社会分配，对接空间规划编制

创造碳源碳汇资源再配置的精准分配体系，兼顾区域公平和社会公正。在碳汇格局内部实施用地准入清单、人类活动控制与管理正负面分配清单、设施控制与管理正负面分配清单。

（1）用地准入

全域国土空间范围或者碳汇空间安全格局内部的用地准入，将以土地用途管控作为主要判断原则，明确各级分区/各类碳汇用地空间内部的开发建设行为准入要求、条件、程度，依法实行用地准入、用途转用许可和占用补偿。

其一，准入原则。北部湾城市群隶属生态维育型湾区城市群，谋求的是保护与发展的合理均衡，避免城乡建设空间大肆蔓延的同时，将海岸带建设与用地准入纳入总体框架。“用地用途＋用地边界＋用地规模＋用地级别”的四量管制，作为准入的相关准则与大原则。用途是准入的第一准则，高污染高碳排的相关建设用地将不被允许进入；边界的划定可以确保两者的底线做到不交叉，不叠置；规模为准入提供相关的容许度，倘若建设优先级别高，规模可以控制在一定范围内，其可以容许准入；级别可以分类讨论，对人类生产级别高的、对生态建设链接度作用性强的、对总体格局优化贡献度大的，容许被准入。实行差别化的准入规则，并持续对用地许可、变更和监管程序进行优化十分有必要。

其二，管制政策。国土空间范围内或者是碳汇空间安全格局内部的用地准入，可以依靠“法规—规划—行动—监管”的准入管制政策。地方（省、市级）管理保护条例的制定是首要法律保障。依托现行国土空间规划中的省市全范围管控，以及规划内部法规层面相关要求，可以为规划层面的空间和指标要求提供法律与政策方面的依据。同时，三区三线等空间规划内的刚性管理政策可以主动对接，将碳汇用地内的准入法则全面落实在规划指标要求以及区划条例中。

（2）人类活动控制

细分北部湾城市群安全格局中的人类活动类型，需要在不同等级的区域中对每一项活动都进行管控。制定人类活动控制与管理正负面清单（表4-8），建议将其纳入地方规划（省级空间规划、市县级空间规划），并予以执行。国土空间/安全格局的修复规划与工程需要协调各相关利益群体等，比如在修复工程治理不经济或近期难于治理的情况下，应根据安全、经济的原则，采取搬迁避让措施。而针对修复完毕与无需修复的碳汇相关用地内，人类活动的控制也成为重要一环。

人类活动控制与管理正负面清单表　　表 4-8

活动类型 \ 碳汇空间分级		刚性保护区	一类碳汇空间	二类碳汇空间	三类碳汇空间	控制协调区
自然保护区中的活动	探险登山	×	×	×	○	○
	水域游玩	×	×	×	×	△
	采摘游乐	×	×	×	×	△
	参观摄影	×	△	△	△	△
	篝火烧烤	×	×	×	×	△
	大型晚会	×	×	×	×	△
边缘区内经济社会活动	伐木、采药、挖根	×	×	×	×	△
	开山采石、采矿挖沙	×	×	×	×	△
	地下水抽取	×	×	×	△	△
	营利性商业活动	×	×	×	×	△
	田园综合体	×	×	×	△	●
	农家乐	×	×	×	△	△
自然区内相关科学研究	物种研究	○	○	○	○	●
	地质勘探	○	○	○	○	●
	科教摄影摄像	○	○	○	○	●
	矿山勘探	×	×	○	○	△
	河湖水质调研	○	○	○	○	●
相关工程	生物修复工程	○	○	○	●	●
	人工繁育基地	×	△	○	●	●
	库（河）滨带建设	—	—	○	●	●
	封山育林工程	●	●	●	○	●
	海岸带修复工程	—	—	—	○	●
	矿山修复工程	●	●	●	○	●

注：●表示应该执行；○表示允许开展；△表示有条件允许开展；×表示禁止开展；—表示不适用。

第四节 碳减排空间规划设计

一、碳排空间减排优化路径

当建设用地以分散、适度、飞地的跳跃式生长方式分布时，可以在一定程度上减少空间碳浓度含量，起到低碳布局效应。在进行北部湾城市群建设用地布局规划时理当延续发展这类特性。基于理想模型的构建，北部湾城市群整个区域过于庞大难以理想化构建，只以城镇关系为理想模型构建的依托点，尝试构建多个城市之间的空间低碳布局模式。从较小范围出发，寻找不同等级城市之间整体的低碳空间布局模式，来构建局部理想布局状态，从而在后续对北部湾城市群建设用地进行整体设计时，延续理想模式的构建理念。基于此，城市群各城市之间形成各自为政的独立布局状态，要避免城镇用地的集聚发展形成大规模的建设用地。城市群低碳空间模型需遵循城市群内部自然景观格局，保留山体水域界线，并结合绿地打造低碳区，提升城市的景观价值及生态低碳价值。同时充分考虑与周边山体地形融合设计，则能够在一定程度起到限制城市空间扩张的作用，构建建设用地与生态用地的共轭关系。鼓励所有等级的城市以飞地组团式的扩展模式发展城市新区建设，保障生态用地与建设用地的接触面积，有效引导城市建设用地分散布局，使该区域内用地布局均衡分布。城市中每个独立组团需具备自己的绿心及绿廊，互相联系形成城市整体生态网络格局。工业厂区等产业用地则需根据自身对外运输要求临近公路设置，设置工业防护绿带来最大限度地降低工业生产带来的污染，公路与防护绿带的结合自然形成隔离屏障，同时也尽可能利用绿地吸收公路上车流带来的尾气。城市以自然地形限制建设用地形态的同时，根据自身发展情况划定每个城市自己未来的土地开发边界，以此为发展最高界线，在其与城市行政辖区内规划大量生态过渡区及缓冲区来消耗隔离每个城市的高碳排放，避免大量高碳堆积。城市之间的生态绿地则必须不可撼动，不能破坏其固有的生态平衡。

城市与城市之间充斥大量不可破坏的碳汇生态用地，其充当了城市群第一道生态屏障，城市行政区域范围内的生态过渡区则成为城市群的第二道生态保护屏障，对生长边界内部的大量空置用地加以利用则形成第三道生态保护屏障。如此最大限度地吸收北部湾城市群内建设用地所产生的碳排放，有效遏制空间高碳化的现象滋生。同时管控城市群建设用地，预测评估不同等级城市的发展前景，寻求更适宜低碳发展的相关模式，划定管控圈、限制管控中心、预防城市规模过大，制定重点发展区域，扶持节点城市的发展，优化发展特色小城镇，根据所有城市的布局设计充分考虑低碳发展理念。由此，北部湾城市群的碳排空间减排优化方法如下：

路径一：管控中心城市规模，做强节点城市，做优小城镇，突出特色定位。建立城市群内建设用地等级开发机制，划分不同等级开发区域，从而实现对北部湾城市群内部各城市建设用地的多个等级控点的规划分配。对面积过大且蔓延严重的高熵城市进行管控，确保其在低碳发展理念下合理建设；重点建设优化发展潜力较大的节点城市或一般城镇，确保其拓展空间开发；以低碳发展为前提，实行以飞地组团开发模式进行新区规划及相应的卫星城建设。同时预留城市发展储备区，防止城市发展因过快过急带来不对等的土地开发，带来不必要的高熵和浪费（附录图 20）。

路径二：保留城市群整体空间布局多样异质性，依据区域自身特色形成独有空间环境。运用多方技术结合发展现状，对北部湾城市群区域内的环境资源及开发空间进行综合评判，划定城市群内永久生态保护空间、永久农耕空间、涵养过渡区域、可适当开发区域、已建成优化提升区域等，严格遵守划定相关范围边界。丰富城市群内用地分布类型，最大限度地保留北部湾城市群内部原有的空间多样性，以此形成约束条件对城市建设用地进行开发管控，有益于引导和促进建设用地“自我生长”，促使决策者考虑因开发有可能对外部环境带来的破坏效应，并间接诱导建设用地多元布局，以防方圆规整形态地形成，实现整个城市群建设用地布局多维发展。

路径三：避免城市“同质化”现象，突出自身特色，避免周边城镇集聚过度诱发高熵问题。统筹全域、详定职能，实现多等级城市错位发展的互补合作。北部湾城市群拥有沿海与内陆等多方发展资源，对外有天然港口与毗邻别国的良好区位，对内有天然腹地等适宜发展区域，可以依据自身特色丰富城市群内各城市建设用地的空间多样性及特色性。从城市群的角度系统考虑整个区域建设用地的职能结构互补，制定各城市发展基调，促使城市发展的多元化，避免城市定位趋同带来的能量浪费。像北部湾城市群中广西的钦州、北海、防城港均为港口城市，现今发展难以避免职能趋同化严重的趋势，未来发展应针对给予各个城市不同的城市定位以避免产业趋同带来的资源浪费。积极调配产业空间分布，实现优化对接，降低空间碳排放能量，缓解空间高碳布局。选择重点发展城市，周边市镇则为辅助协同，并且提升城市自给能力，避免因核心集聚造成城镇建设用地分布得很拥挤，规避区域高碳化。同时实现各城市建设用地产能配合，避免趋同浪费，从空间角度缓解交通带来的碳排放。打造多元复合的城市群建设用地结构布局网络，最终形成张弛有度的城市群建设用地结构体系。

路径四：明确城市群的建设用地空间增长区域，优化空间布局、预防高碳，最大限度地保留城市群自然格局。由于地形高程对空间二氧化碳的影响呈负相关，意味着较低地势的城市更容易形成空间碳浓度的堆积，属于碳浓度堆积敏感区。而北部湾城市群内沿海地带的地势恰好较低，也是港口发展的重点区域且正处于发展较快的阶段，在未来发展中需要强化区域低碳空间设计，预防敏感区高碳堆积。根据城市群未来发展需求，划分建设用地的增长区域，形成较低地势港口城市发展带及较高地势内陆城市发展圈，并进行低碳优化，同时确保“发展带”与“发展圈”范围外的生态自然格局稳定性不受破坏。

二、碳排空间减排设计方案

北部湾城市群坐落于祖国西南部，毗邻粤港澳、面向东南亚，位于全国“两横三纵”城镇化战略格局中沿海纵轴最南端，是我国沿海沿边开放的交汇地区，拥有良好的地理优势与区位发展条件。同时北部湾城市群是中国最年轻的城市群之一，具有处在高速培育阶段的显著特点，正因其具有的未来建设可能存在的不定性和可塑性，考虑在确保城市群生态环境不被破坏的大前提下实现低碳城市建设的可行性。

基于城市群提出的低碳模型和针对北部湾城市群的低碳优化策略，对北部湾城市群进行具体设计。北部湾城市群不算是高度集聚的城市群，其划分规律的行政意义更浓，发展至今城市群密度尚处在较低聚状态，相比更成熟的城市群带来因城镇集聚引起的空间高碳的情况，北部湾城市群正处于容易预防的较好时机。需要摆脱传统城市群发展所遵循的道路，另辟蹊径、兼顾发展、做强北部湾城市群的同时，找寻能够保护北部湾范围内良好的生态环境，使其不被破坏的平衡，以一种全新的发展模式指导北部湾城市群未来发展建设。

（一）低碳空间结构规划

北部湾城市群内部各城市分布较为独立，其因为城镇集群效应而引起的大面积高碳区域的问题并未十分严重，高碳高熵区域仅出现在单个城市主城区内部，受城市自身影响较大。基于上述情况，综合发展需求和城市等级定位，设计北部湾城市群低碳结构规划图（附录图 21），将中心城市建设成管控发展点，对其城区规模及布局进行严格管控；节点城市则设计为强化型发展点，强化低碳和优化其城区空间布局，因节点城市普遍存在较大的开发发展空间，需要对其空间加强低碳设计；将一般城镇设置为优化发展点，确保兼顾其未来发展建设与低碳发展的衔接和融合度。发展各城市，要防止建设用地分布过度的集群效应，要形成以南宁、海口及湛江为代表的管控影响区域，针对不同等级城市的发展规模，划定管控影响圈进行分类管理；以滨海港口城市及节点城市为主要的强化发展区域，要依托地理优势大力发展，同时确保其城市发展的低碳协同；以一般城镇和特色小城镇构成的优化发展区，注重范围内的特色自然环境的保护管理及城市内部空间环境的低碳优化提升。形成等级管理分工明确的城市群内城市建设用地管理金字塔，由上至下管控开发各等级城市，调配城市空间，从而影响城市人口、规模、职能等的分配或流动。针对沿海节点城市，特设滨海强化带，根据前文研究得到的特性（滩涂高碳及低洼高碳），及时优化滨海区域的建设用地布局，确保及时预防建设用地高碳情况出现。针对生态资源设立禁止开发区——生态限建保护区，确保北部湾区域良好生态资源的完整性。形成“四带注发展，多点管城市，片区多维护”的北部湾城市群整体低碳空间结构布局。

（二）低碳空间优化设计

综合多方条件确定北部湾城市群各等级城市建设定位，合理控制中心城市南宁及海口的主城区建设规模，划定其最大生长边界范围。并设置为重点管控对象，形成管控布局圈（附录图 22）。针对规模较大、发展较成熟、开发较为透彻的中心城市，以其未来低碳发展为前提，其建设模式摒弃原来粗放开发，转向精致合理的开发模式。内部建设用地的开发模式也以飞地式跳跃增加为主，发展新区建设。提升城市内部自然景观格局的通透性，加强外部山水格局与内部景观绿地的空间联系。修复城市被破坏的自然生态格局，以兼容共生的相处理念维系城市建设用地与生态用地之间的稳定。

做强北部湾中小城镇，将节点城市和一般城镇划定为优化发展区及强化发展区，注重两者未来发展中低碳布局理念的融入。由于北部湾城市群内部各等级城市发展存在极大的差异，中心城市发展速度过快，节点城市虽快马加鞭、增速建设，但仍然存在较大的优化提升空间。而一般的小城镇由于缺乏科学合理的规划，存在明显的发展短板，城市空间缺乏系统的规划。所以基于低碳发展的前沿需求，需要结合各等级城市的低碳模型理念，辅以地方实情对北部湾城市群中小城市进行优化。另外，还需打造组团尺度合理建设用地与生态用地交织的有机城市网络。最后，利用近海良好的区位发展港口城市，做强北海、钦州、防城港、湛江、阳江等节点城市，优化雷州半岛区域各城镇、临高、玉林等一般城镇。

打造北部湾城市群区域低碳的大系统格局，划定北部湾城市群内部的生态保护界限，将北部湾核心生态涵养区作为区域内天然缓冲屏障，消化区域内建设用地产生的能力同时抵御自然环境与气候环境突发情况。保护好山脉和流域。优化城市群区域的交通路网，形成城市间最短低碳效应网络，从根源处缓解碳排放的增加。结合自然地形共同促进城市形态边界的形成，实现城市整体风貌的特色化，丰富北部湾城市群区域内的城市特性。规划城市缓冲区，预留城市发展空间，让建设用地停止原始的自发生长模式，限制城市无序发展。并且，已产生高碳现象的区域，需要进行大力度修复。各城市在保证相对独立发展的同时，还需预防建设用地过度集群分布，加快完善城际间交通联系，规划构建成熟合理的高速公路交通和方便快捷的城际交通。

第五节 碳增汇空间规划设计

一、碳汇用地布局模式比较

目前对于碳汇用地布局的探讨较为少见，而对于生态用地布局优化探讨较为成熟。本书探讨的碳汇用地包括生态用地，且基本由生态用地构成，故将碳汇用地布局优化模式转移为对生态用地布局模式的总结评价（表 4-9），为北部湾城市群碳汇用地的布局优化提供思考方向。

根据目前的研究成果及规划项目，归纳适合本研究区借鉴的布局模式，选取如下三类碳汇用地布局模式（表 4-10，附录图 23）：廊道组团网络化模式、生态网络主导布局模式、生态节点布局优化模式。

城市群相关规划空间布局总结表 表 4-9

规划名称	生态空间布局	空间优化特色
珠江三角洲城镇群协调发展规划	区域绿地框架“一环（连绵山体）、一带（海域）、三核（自然生态系统）、网状廊道（多层次）”。 分区：外围山林生态屏障区、中部平原城镇密集区、南部近海生态防护区	多层次分区环廊网络化布局
长株潭城市群生态绿心地区总体规划	生态结构：一心四带、多廊道（交通与水域）、多斑块（生态与生产）的网状生态空间结构； 生态功能区划：两类四区	
长江三角洲城市群发展规划	生态空间：一带（滨海）、双廊（江河水系）、双屏障（山脉）	修复山、水、海域的空间格局
环鄱阳湖生态城市群规划	生态布局：城乡统筹发展分区、城市与自然联动的生态服务空间	分区为主，区域环境有限改造

碳汇用地优化布局模式归纳表 表 4-10

模式	研究层面	思路与方法	布局特征	低碳增汇优势
廊道组团网络化模式	城市群层面——中原城市群	1. 分析城市群生态空间结构与城市群经济社会发展的关系； 2. 结合城市群空间发展趋势，构建优化组合模式； 3. 将城市群生态空间格局与“廊道组团网络化”城市群空间结构有机耦合	生态廊道、生态斑块、生态基质等生态功能区有机整合而形成的“廊道组团网络化”格局	提高城市群区域生态环境容量，增加碳汇； 生态空间与城市空间有机耦合，形成减排增汇的良好局面

续表

模式	研究层面	思路与方法	布局特征	低碳增汇优势
生态网络主导布局模式	市域层面——加拿大埃德蒙顿市	1. 以生物多样性核心区、区域生物廊道、连接区、基质为结构要素构建生态网络； 2. 以自然连接规划 - 综合保护规划为重心，多层次规划相衔接，构成相对完善的生态网络规划	打破行政边界；分不同生态规划区，且每个规划区至少有一个核心区；形成“一环一轴八区多廊”的生态网络规划结构	修复受损的自然生态环境，提升碳汇用地整体质量，从而增加碳汇； 打破行政区划的限制，构建绿色生态廊道，保证整体碳汇用地的贯通、完整，进而增汇
	区域层面——环太湖区域	1. 最小费用路径方法； 2. 重力模型法； 3. 图谱理论； 4. 网络结构指数评价	由重要廊道和次要廊道串联各个核心区，形成环湖复合型生态网络	
生态节点布局优化模式	县域层面——生态脆弱区典型县域磴口县	1. 确定生源地及建立生态阻力面模型； 2. 利用 Voronoi 图模型确定生态节点生态盲区； 3. BCBS 模型对现状生态节点进行重新布局	生态节点泰森多边形盲区形心的布局	增加生态节点的覆盖率、保证生态节点分布的均匀度、保证生态网络的稳定性，从数量及质量两个方面来提升整体碳汇量

廊道组团网络化模式是研究学者深入分析、总结城市群生态空间结构与社会经济发展之间的多种关系，提出的用于指导城市群生态空间优化的发展模式。并以中原城市群为研究对象，分别研究城市群生态空间与城市发展空间的演变趋势及存在的问题，从而将城市群生态空间结构与城市群空间结构相耦合，最终将廊道组团网络化模式落实于中原城市群区域。此模式的主要有以下布局特征：① 根据不同的生态基质，例如山区、丘陵、农区、城市，划分生态功能组团，最大限度地发挥各区域生态功能；② 按照地形及用地特征，将不同生态斑块有机组合分布，利于增强生物多样性；③ 建设并优化各类生态廊道（河流水系、工程廊道、交通沿线廊道、城市内部绿廊），有机衔接各类生态组团，提高整体生态环境容量。此布局优化模式中，从城市群生态空间演变机理入手，通过斑块—廊道—基质的优化，并与城市空间结构相耦合，因地制宜地优化各类碳汇用地，利于提高城市群区域整体生态环境，以及优化城市空间质量，从而在减排与增汇两方面实现低碳发展，具有良好的借鉴意义。纵观国内各个城市群规划，在生态空间的布局方面基本都包含分区、廊道、环带等空间结构元素，与上述的布局模式基本吻合，这也印证了廊道组团网络化是适合城市群生态空间的一种布局模式。

生态网络主导布局模式主要采用生态网络构建的方法，将各类生态点、线、面优化组合，形成利于生态发展网络的模式。在利用此模式的国内外案例或研究中，选取埃德蒙顿市生态网络规划、环太湖区域生态网络结构规划两个典型进行深入学习。较早将此方法实施并成功的便是加拿大埃德蒙顿市，利用主要生态结构要素（生物多样性核心区，生物廊道，自然连接区和半自然连接区、基质）构建合理的生态网络，以生物多样性核心区以及自然连接区为基础划分8个规划区，并保证各类规划相互衔接和实施。埃德蒙顿市的生态网络布局模式的主要特征如下：① 依据核心区和连接区划分边界，突破行政边界的束缚；② 充分保护现有生态要素，通过半自然景观区连接各自然区；③ 形成“一环一轴八区多廊”的较为清晰的生态网络规划结构。此布局模式下，现有自然区得到最大限度地保护，退化或破碎区的恢复程度不断提高，其整体生态网络的连通性和自然区的自然性都得到提高。总体来说碳汇用地的数量和质量得到提升，碳汇量随之也会增加，此外连通性较强的布局下，促进碳汇接触面积的增加，从而促进植被的碳汇效益。国内采用定性和定量相结合的方法构建生态网络，以尹海伟等为代表，着重采用较为科学的技术模拟并构建潜在生态廊道。通过比较各种方法与技术最终选取最小费用路径、重力模型、图谱理论、网络结构指数评价等方法，运用于生源地识别、潜在生态廊道模拟、生态网络结构评价一系列过程中，最终得到研究尺度上的生态网络空间分布图。采用生态网络主导布局模式，将定性研究与定量分析充分结合，具备良好的科学性与技术性，可适用于不同区域的分析与模拟。

生态节点布局优化模式是从研究区域的各个生态节点出发。确定生态源地并提取生态廊道，与生态网络构建的前期工作是较为一致的，与其不同的是利用Voronoi图模型构建的生态节点泰森多边形，并筛选未被覆盖的生态盲区，最终建立泰森盲区多边形优化模型优化研究区生态节点布局。此模式的研究较为科学精细，通过优化生态节点布局对应到具体地点的提升优化，科学地增加生态节点覆盖率并提高生态网络的稳定性，对于增汇具有较强的现实意义。

以上几种布局优化模式的研究对象及研究范围虽有差异，但都与生态网络有紧密地联系，可以看出生态网络的稳定与优化是整体生态用地或者碳汇用地布局优化的重要落脚点。廊道组团网络化模式从定性的角度强调城市群生态空间与社会经济发展的耦合，具有较强的战略引导意义；生态网络布局主导模式融入定量化的科学技术手段强调生态廊道的构建，具有良好的方法指导性；生态节点布局优化模式利用具有创新性的模型强调生态节点的覆盖率，精细化指导小区域的生态节点优化。上述模式中的思想、方法、技术等都对于本次用地布局优化具有良好的借鉴意义，对于碳汇用地来说布局优化应考虑分区、节点、廊道三类主要结构要素，后文将以增汇为出发点探讨北部湾城市群碳汇用地的优化布局。

二、增汇理想布局模式构建

增汇理想布局模式构建应基于目前的规划成果或者较为科学的研究，根据研究对象的具体情况进行探索。上文中所总结的布局，其目标最终落实到维护生态环境质量、增加生态用地的有效覆盖，与该书的增汇目标不谋而合，纵观其空间布局元素，发现严格划定分区、增加生态廊道、修复或增加节点为主的网络化布局确实有利于北部湾城市群的增汇。碳汇用地内部植被的健康状况直接决定了碳汇的效果，所以应始终把生态性作为核心，保证整体生态环境的质量。结合上文总结的空间优化战略，保证增汇的目标，将北部湾城市群的空间特征划分为陆地控制区、城市群结构体系、水域结构体系、区域碳汇骨架 4 个空间层次，并进行优化组合，最终构建“斑块廊带网络一体化”北部湾城市群增汇理想布局模式（附录图 24）。

按照碳汇能力的不同将陆地控制区划分为高汇斑块、中汇斑块、低汇基底。将高海拔且碳汇量处于较高水平的大型森林或者自然保护区作为覆盖大片区域的高汇斑块，碳汇水平居中且位于丘陵地区的山林地作为中汇斑块，低汇水平的大片区域作为低汇基底。高汇斑块外围增加或者修复高汇缓冲保护带，作为一个缓冲过渡区的同时也起到保护高汇斑块的作用，减少人类活动的影响。保护中汇斑块，并进行用地的调整，最大限度地发挥碳汇效益。低汇基底是整体增汇的优化重点，以用地类型转变、形态布局调整为主要方式，通过林带增植和农林用地置换来提升碳汇能力，形成环网嵌套的增汇组合形态。选取中汇斑块、低汇基底中具有一定碳汇潜力的区域作为退耕还林、碳汇示范林等项目点，将其视为增汇节点进行修复完善。本次理想模式构建过程中，综合考虑碳汇用地与碳排用地的空间协同关系，建议构建轴带状城市群有机组合体系，形成增汇要求反馈下并符合北部湾城市群发展趋势的空间结构。将碳排用地当作碳排斑块，大型碳排斑块外围增加碳排扩张限制带，以此来控制城市的无序外扩；结合现有条件在碳排斑块内部打造至少一个增汇节点，即城市内部的大型森林公园，为人类提供游憩场所的同时改善生态环境、提高城市区域的碳汇量；在主要交通干道两侧设置永久性绿带作为城市间的人工增汇廊道。水域结构控制区以城市群范围内主要流域范围为优化对象，根据水系的上游、中游、下游覆盖区域环境，将山脉丘陵底部的相关水域作为水源涵养区，进行源头保护与生态修复；将中游及中下游区域作为中游流域还绿区，在水系河流两侧严格划定永久性绿化增汇保护带；将下游入海口作为近海生态修复区，控制开发建设，减少海岸带的污染，保证有机质的健康汇集，增加红树林及海草床的覆盖。整个城市群范围内需要区域碳汇骨架来保证碳汇用地间的连通性并形成稳定的网络体系，包括人工增汇廊道、半自然增汇廊道、自然增汇廊道。半自然增汇廊道与人工增汇廊道即水系廊道和交通廊道，自然增汇廊道是结合生态网络构建碳汇用地内部较为适宜的走廊。北部湾城市群是较为特殊的湾区城市群，具有较长的海岸线，理想模式中结合沿海地区构筑沿海增汇屏障，将沿海裸露滩涂和低效农田修复为防护基干林，使其起到既固土又增汇的作用。

三、碳增汇与空间优化方法

（一）设计思路

一是城镇用地低碳扩张阻力分析方面。不同的环境条件对于城镇用地扩张的影响存在差异，结合北部湾城市群用地分布、发展趋势以及自然环境的现状，参考其他地区的阻力面构建，将碳汇量分布作为重要影响因素构建影响因子阻力面，以保证低碳的目标导向。选取的影响因子包括：用地类型、距城镇距离、距河流距离、地质灾害敏感性、水土流失敏感性、碳汇量分布。将筛选的不同影响因子进行标准化处理并对阻力赋值，采用层次分析及专家咨询方法确定权重，得到城镇用地低碳扩张阻力评价（表 4-11）。

城镇用地低碳扩张阻力评价体系表　　表 4-11

阻力因子	权重	分类项	阻力值	分类项	阻力值
用地类型	0.25	林地	70	稀林地	50
		灌木	50	草地	30
		农田、稀植	10	湿地	100
距城镇距离	0.25	0～500m	10	500～1000m	50
		1000～2000m	70	＞2000m	100
距河流距离	0.08	0～1000m	10	1000～3000m	30
		3000～5000m	50	5000～10000m	70
		＞10000m	1000	—	—
地质灾害敏感性	0.05	极敏感	90	高敏感	70
		中敏感	50	较敏感	30
		不敏感	10	—	—
水土流失敏感性	0.05	极敏感	90	高敏感	70
		中敏感	50	较敏感	30
		不敏感	10	—	—
碳汇量分布	0.32	-387～$78gCm^{-2}a^{-1}$	0	78～$211gCm^{-2}a^{-1}$	20
		211～$328gCm^{-2}a^{-1}$	40	328～$485gCm^{-2}a^{-1}$	60
		485～$677gCm^{-2}a^{-1}$	80	677～$1097gCm^{-2}a^{-1}$	100

结合 ArcGIS 的加权叠加分析工具对各个阻力因子进行空间叠加处理，可以得到北部湾城市群城镇用地扩张低碳阻力分布示意（附录图 25）。对于具有明显扩张趋势的城镇选取城镇用地外围低阻力圈层且利于城市群整体空间集聚倾向的范围作为碳排斑块的限制带，既有利于城市群体系的高效便捷物质流又可有效避免城镇的高碳、连绵发展趋势。

二是高汇斑块及缓冲保护带的提取。结合前文地理空间格局对碳汇效益的影响分析，将北部湾城市群的高程分析结果、坡度分析结果叠加分析，发现高程较高的地方坡度也较大，且高山区包含了大坡度地区，故在高汇斑块的筛选时以高程和现状碳汇量的分布为主要条件进行判断，而坡向作为具体碳汇用地调整的判断条件，通过重组调整碳汇分区。将北部湾城市群高程分布图和碳汇量分布图在 ArcGIS 软件中采用自然断裂分级法进行分类，高程分为三级，碳汇量分为四级，综合叠加得到增汇优化目标下的北部湾城市群碳汇用地生态红线分布示意（附录图 26）。高汇区为高碳汇量和高海拔区的并集，作为北部湾城市群高汇斑块进行保护与修复，规划按照理想模型的布局结构在斑块外围设置高汇缓冲保护带，也作为生态扩张的发展带，其中现状为高海拔的中低碳汇区作为植树造林的首选区，处于高海拔且碳汇量为负值的区域适合作为调出区并置换为林地；中汇区是中海拔和中碳汇量的并集，其中中海拔区域中的较低碳汇量所在区域适宜增加林地；低碳汇区是处于低海拔低碳汇区以及中海拔碳排区的并集，是用地调整的主要区域；碳排区则为低海拔以及负值碳汇的交集区域，作为重点控制发展区域。

三是增汇廊道的提取。增汇廊道的提取主要结合生态网络构建、用地分类、人工判读的方法获取 3 种不同类型的增汇廊道。其中自然增汇廊道利用生态网络规划方法构建，半自然增汇廊道和人工增汇廊道主要结合用地解译结果、碳汇量分布情况筛选主要流域和交通干道，增加绿色走廊。

在城市群的发展框架下需要突破行政界线的限制，构建城市群区域生态网络，故采用适合大尺度区域范围的生态网络规划方法，旨在形成具有生态保护性的网络优化布局，且满足北部湾城市群整体增汇需求即增强斑块的连通性。本次主要运用 ArcGIS 软件，采用景观阻力分析、最小费用模型、重力模型等方法，在北部湾城市群这一研究区域内构建生态网络，研究基础数据来源于中国自然保护区标本资源共享平台、各省市林业和园林局。首先，识别与提取重要生境斑块。在景观水平上，生境斑块的面积大小对于区域生物物种的多样性具有重要生态意义，故在研究范围内选取部分自然保护区、森林公园等作为重要的生境斑块（表 4-12）。其次，景观阻力的赋值。根据前期的用地分类图和坡度图，参考其他学者的赋值情况，按照不同的景观类型和坡度的大小分别赋予不同的景观阻力值，得到用地类型消费面和坡度消费面。取用地类型消费面和坡度消费面的权重分别为 0.7 和 0.3，得到研究区的耗费成本图。最后，生态廊道的模拟与提取。借助 ArcGIS 空间分析中的距离分析工具，采用成本距离分析方法，得到潜在生态廊道。基于重力模型构建斑块间的相互作用矩阵表筛选与区分廊道级别。生境斑块间的作用力越强，景观阻力越小，廊道建设潜力越大，故将作用力大于 100 的划为重要生态廊道，将作用力低于 100 的划为次要生态廊道。在经过冗杂廊道的筛选后，最终得到北部湾城市群生态网络框架（附录图 27）。

北部湾城市群的生态源地概况表　　表 4-12

省份	自然保护区名称	地点	面积（hm^2）	主要保护对象	级别
海南	永兴鸟类	海口市秀英区	10000	鸟类	县级
	东寨港	海口市美兰区	3337	红树林生态系统	国家级
	番加	儋州市	3100	热带季雨林生态系统	省级
	松涛水库水源保护区	儋州市	31150	水源	县级
	新英湾红树林	儋州市	115	红树林生态系统	县级
	邦溪省级自然保护区	白沙黎族自治县	369.8	邦溪坡鹿	省级
	大田	东方市	2500	海南坡鹿及其生境	国家级
	猴猕岭	东方市、乐东县	12215.33	热带雨林、溶洞	省级
	霸王岭	昌江黎族自治县、白沙	29980	黑冠长臂猿及其生境	国家级
广东	云开山	信宜市、高州市	12511	南亚热带常绿阔叶林及野生动植物	国家级
	湛江红树林	湛江市	19300	红树林生态系统	国家级
广西	大明山	武鸣县、马山县、上林县	16994	常绿阔叶林、水源涵养林及珍稀野生动植物	国家级
	山口红树林	合浦县	8000	红树林生态系统	国家级
	防城金花茶	防城港市防城区	9099	金花茶及森林生态系统	国家级
	十万大山	防城港市、钦州市	58277	水源涵养林	国家级
	那林	博白县	19890	森林生态系统	省级
	崇左白头叶猴	崇左江州区、扶绥县	25578	白头叶猴、黑叶猴、猕猴	国家级
	西大明山	扶绥县、隆安县、大新县	60100	水源涵养林、冠斑犀鸟	省级
	广西青龙山	龙州县	16779	北热带石灰岩山地季雨林及叉叶苏铁、黑叶	省级
	弄岗	龙州县、宁明县	10080	亚热带石灰岩季雨林和白头叶猴、黑叶猴	国家级
	下雷	大新县	27185	水源涵养林及猕猴	省级

半自然增汇廊道选择较大水域河道。根据用地分布图与碳汇量分布的叠加对比可明显看出部分水域周边成为明显的低汇区，例如邕江、丽江及大部分沿海地区，此区域周边以未利用地、建设用地为主，缺乏具备较高碳汇能力的林地。故规划结合低汇区的水域周边规划增汇廊道，整体形成蓝绿增汇生态网。

人工增汇廊道选取城市群范围内主要交通干道。结合用地分布图、影像图和碳汇量分布图，通过采样取值发现研究范围内部分国道、省道所在地的碳汇量基本处于 $250gCm^{-2}a^{-1}$ 以下，且局部地区处于负值状态，急需通过人工种植的方式来增加交通干道两侧的碳汇用地，最大限度地吸收交通碳排量。

四是增汇节点的筛选。增汇节点的筛选通过提取碳汇量稍低于高汇斑块的分级层，即碳汇量处于中汇区的地区，并结合用地分类图和卫星影像图进行进一步识别，选取城市内部的森林公园以及城市外部的大型林地、自然保护区等，作为增汇的次阵地。

（二）具体设计方案

根据构建的空间理想布局模式，结合北部湾城市群的基础环境综合叠加空间元素，并参考《北部湾城市群发展规划》的城市群生态安全格局规划，形成增汇目标下点线面有机结合的多元素、多层次、网络化的生态复合型碳汇优化格局（附录图 28）。

其一，限制与保护下的双重束缚：碳排扩张限制带与高汇缓冲保护带。将北部湾城市群城镇用地低碳阻力分布图中的第二层阻力值稍高的圈层作为碳排用地扩张的限制带，以此来控制城市建设用地的无限蔓延趋势，并遏制城镇连绵现象，从数量上减少碳排斑块的增长，以达到减排的目的；将建设用地的第一层阻力值最低的圈层作为城市预留发展用地进行保留，作为城市弹性增长基底，为城市发展留有一定的弹性生长空间，采取城市空间发展与控制相结合的空间优化模式。根据碳汇区生态红线提取结果，筛选连片紧凑的区域作为高汇斑块，包括流域上游的水源涵养区，并在外围增加一条缓冲保护带，目的在于保护高汇区的碳汇用地、减少人类活动的干扰，加强碳汇核心区的生态修复工作与空间管制工作。此外，尽可能保证保护带内的曲折复杂性和植被的丰富度，满足增汇对其的空间布局要求，即用地边界越复杂碳汇量越高。由上述两带构成高汇区域与碳排区域的双层束缚带，充分发挥保护与控制的作用。

其二，生态与低碳并存的网络骨架：增汇廊道与增汇屏障。生态规划需要生态廊道骨架，提升碳汇量也需要增加具有贯通性的绿色廊道。格局优化中以生态网络构建为基础，运用相关方法构建北部湾城市群生态网络并进一步筛选串接各个增汇区、节点的生态廊道作为主要自然增汇走廊；选取以下交通干道：G98、G15、G65、G75、G72、G80、G7212、G7211、S43、S21，在道路两侧、中间隔离带增加带状且宽度大于30m的绿带作为人工增汇廊道，疏解交通碳排压力并充分发挥碳汇作用；结合主要水域增加河道沿岸茂密乔木带，形成永久性的绿色走廊，避免漫滩、裸地增加的同时增加碳汇效益，进行修复调整的河流主要包括：昌化江、南渡江、南渡河、鉴江、莫阳河、南流河、茅岭江、明江、丽江、右江、邕江、郁江、北流江；北部湾城市群是沿海湾区城市群，现状沿海多为裸露滩涂和红树林，结合沿海的地形特色种植本地树种，使其形成沿海基干林带，既能起到防害固土的生态作用又可以提高沿海区域的碳汇量，形成沿海增汇屏障，其中入海口为重点优化区域。

其三，质量与容量双升的首发区：林地增植基底与农林调整斑块。中部大片的农田和草地都处于低汇区。本次选取的空间优化方式为：在大面积的低汇区增加林地的培植，中汇区的农田调整为林地，形成环网嵌套空间组合形态。其中，低汇区的林地主要培植定点为低效草地、缺少林带的农田区。通过增加具有高碳汇效益的林地来将低汇区的碳汇量整体提升。以农田为主，大片低汇区散布于城市群平原丘陵地带，极其缺少高碳汇的乔木植被。考虑到农田平面形态的特殊性，采用在农田间增加林带的方法来达到增汇目的，同时也起到防风固土的良好作用。此外，通过乔灌草的搭配，更能提升碳汇用地的生态性。将部分中汇区的农田以及沿海区域置换为林地，原因如下：中汇区处于高汇斑块周边，作为高汇斑块的缓冲外围区，应降低人类活动的影响，适宜退耕还林；沿海平原的近海区不宜过度开发耕地，通过林地的置换，将农田向内陆平原迁移，在提升碳汇量的同时也起到近海地区的生态保护作用。

其四，局部碳汇环境的优化剂：碳汇区与碳排区的增汇节点。从区域层面来看，除了高汇斑块的修复保护外，节点的优化也是较为重要的一部分。在城市内部选取1～2个绿地作为增汇优化节点进行修复或者扩大面积，提升碳排区碳汇用地的质与量，从而提高城市范围内的碳汇水平，选取的森林公园主要有青秀山、五象岭、观澜湖、瑞云湖、湖光岩、鸳鸯湖公园、新湖公园、仙人山、佛子岭、牛尾岭水库等；城市范围外结合中碳汇区筛选部分山岭、小型保护区作为城市外增汇优化节点，作为人工干预的碳汇项目主要落地区域，例如植树造林、森林碳汇交易等，通过人类活动的正向作用来调节小区域的碳汇效益，作为局部碳汇环境的优化剂。

四、碳增汇规划设计方案

由于本书的研究范围为整个北部湾城市群，故从区域的角度来看，不同类别的碳汇用地很难区分，且优化前后表达不明显，为了更清楚地从空间上展示碳汇用地的分布优化情况，依据植被的种植分布特征进行具体用地的调整，提出碳汇空间设计方案，一共分为密植林地、稀疏林地、农草林混合地三类碳汇用地（附录图 29）。

综合前文的优化导向及空间格局指引，在具体的用地调整时将优化后的碳汇分区与现状植被分布进行空间叠加。前期操作过程如下：在 ArcGIS 中将碳汇分区图的四类分区进行重分类并分别赋值为 1、2、3、4；同样将植被类型图按照林地、稀树草地、灌木、草地、农田、城市、水域分别重分类后赋值为 10、20、30、40、50、60、70；将上述重分类的图层利用栅格计算器进行数值相加，由于低中高汇区无灌木、低汇区无林地、高中汇区无城市、中高汇区无水域，故最终得到 20 类待优化区（表 4-13）。

北部湾城市群的碳汇用地空间调整表　　表 4-13

赋值	分区	分布特征	空间调整
11	碳排区林地	水域周边	沿水林地保留；儋州区域作为建设用地或农田的调入储备区
13	中汇区林地	山地	保护为高汇斑块
14	高汇区林地	山地	
21	碳排区灌木	城市外围、沿海	调整林、灌、草混种区
31	碳排区稀林草地	沿水、城市外围（青秀山、五象森林公园）	植树造林
32	低汇区稀林草地	城市外围、山底、沿海	城市外围区域作为弹性增长预留空间和城市限制绿带；山底、平原和近水区作为建设用地迁移调入区；近城市的平原、远海岸区域可作为农田调入区，增植林地
33	中汇区稀林草地	低山丘陵区	修复保护，增植密林
34	高汇区稀林草地	高山区	
41	碳排区草地	沿水小部分	调整为林地，沿海地区建议种植红树林
42	低汇区草地	湛江南三岛、邕江沿岸	
43	中汇区草地	东方市中部平原等	保留草地，增加林地
44	高汇区草地	东方市山底少量	
51	碳排区农田	雷州市沿海	调整为林地
52	低汇区农田	大片平原区域	调整为农林混植区
53	中汇区农田	阳江流域、阳西至电白区域、茂名东北区域、雷州半岛西南、东方市平原大片	近海区域转化为林地；远海区域增植林带
54	高汇区农田	东方市中部、昌化江南侧	退耕还林

续表

赋值	分区	分布特征	空间调整
61	碳排区城市	各城镇乡所在地	高海拔区的城镇迁移至平原近水区；低海拔地区的城镇进行保留，增加限制带
62	低汇区城市	城市外围片区	
71	碳排区水域	各水库、江河、海岸	水域保留，外围增加林带
72	低汇区水域	雷州半岛沿海	

林地以片状大面积布局，占碳汇用地比重较大，整体用地布局难以调整，且大部分位于山地丘陵的林地整体碳汇量较高，一方面通过生态网络的构建来保证主要生境质量，另一方面通过扩大高汇区，划定较大范围的保护红线，在稀疏或者荒芜地区增加林地，从而保持碳汇量的稳定与增加。林地区域的碳汇量与其他区域的碳汇量高低分界较为明显，故应在低汇区适当增加部分林地来提高区域的碳汇量。现状灌木地区调整为林地、灌木、草地混种区，增加景观格局的多样性。保护并修复现状处于中高汇区的稀林草地，以增加林地为主，可根据不同城市的需求作为植树造林的选择区。低汇区的稀林草地按照分布区域进行调整：保留城市外围的稀林区域，并扩大林地范围，种植快速生长的植被，并将其作为城市扩张的限制带，同时靠内区域可作为城市增长的弹性基底；位于山底、平原、近水区的稀林地以保留为主，以少量建设用地或者农田迁入区为辅的方式，让坡向为西北向、东向、西南向的区域适宜增加林地。北部湾城市群连片的纯草地较少，位于碳排区以及低汇区的草地建议调整为林地，特别是沿海地区，应适量增加红树林的种植。对中汇区的草地进行保留并适当增加林带，使其形成草林混植区。农田最多的区域为低汇区，选取中高海拔区的农田并将其置换为林地，将沿海区域的农田调整为林地，而远海及内陆区域的农田增加林带，优化选用碳汇能力较强的林地，垂直于风环境的方向穿插于大片草地中，增加二氧化碳吸收面积、提升碳吸收效率，从而增加整体碳汇量，形成网片式的用地布局。位于高汇区的农田建议退耕还林，并进行增汇修复。在建设用地与碳汇用地的空间组合上，将高海拔区域及周边的建设用地迁移至平原近水区，将其置换为高碳汇能力的林地；保留低海拔区域的建设用地，并在城市扩张控制线划定时以“小分散、大集中”的原则进行优化，“小分散”是指每个城镇的布局以有机分散为主，一方面可以缓解城市热岛效应，另一方面分散的建设用地与碳汇用地的接触面增加，有利于提升碳汇吸收效率；“大集中”是指整个城市群的建设用地分布趋向于低海拔的平原近水地区，且城市总体分布呈现相对聚集的空间模式，一方面城镇发展建设较为容易，另一方面可缩短城市间往来的交通流且降低了对高汇区生态环境的影响，从而利于整体的增汇（附录图 30）。

第五章

未来可期——“双碳”目标下的应对展望

“力争2030年前实现碳达峰，2060年前实现碳中和”既是中国向世界郑重承诺的目标，也是人类命运共同体理念实践的必经之路。湾区城市群具有人类活动频繁、生态系统敏感复杂和碳流通量大的特点，是我国实现“双碳”目标的重要载体。展望未来，就如中国工程院院士、同济大学原副校长吴志强教授在北京城市副中心绿色发展论坛上提出的“碳中和发展不是‘短跑运动’，需要精准方案、需要数字测量、需要不懈努力”。我们必须在理念、视野、技术和治理层面上进行升级与创新。

第一节　生态化与低碳化的理念引领

在“双碳”目标背景和要求之下，绿色发展已经成为共识，绿色低碳转型势在必行，而生态化与低碳化应成为贯穿在绿色发展全过程的核心理念。

一、以生态资源价值为发展根基

科学核算湾区城市群国土空间资源与自然生态系统服务价值，坚持以生态资源为基础，充分理清生态环境系统承载力对湾区城市群发展的支撑能力，以生态系统服务价值服务湾区城市群，发挥其可持续发展的重要作用。

需要建立生态资源的识别与体系。湾区城市群的生态系统可以分为深海水域、浅海水域、过渡水域、陆地生态系统以及淡水水域，识别出不同的生态资源系统空间分布，总结整理空间分布特征；其次分析其能提供的生态服务功能与服务特征，根据其能提供的调节环境、降解污染物等功能识别出不同的功能服务区，根据提供的功能进行资源价值的核算。同时，应对快速发展下的环境日益恶化的趋势，基于低碳可持续发展理念，实现高质量发展需要将生态成本、生态要素、生态产品纳入整个经济社会系统。这意味着碳发展权和低碳发展的理念将贯穿于生产、分配、交换、消费的各个环节之中，与各社会主体的生产生活息息相关。目前学界也在探讨将自然资源纳入国民经济进行核算，即 GDP 与 GEP 双核算制。但在湾区城市群的尺度，如何建立价值评估、价值核算框架仍不明确，亟须通过学科交叉对其自然资源进行自然属性、宏观属性、生态文明等各方面的研究，未来以绿色发展为主流的趋势必定需要填补这一空白。

二、以绿色低碳循环为发展路径

依托资源与交通优势快速发展是湾区城市群在前中期发育阶段主要的发展路径，但在“双碳”目标背景下此路径明显不适应与不具可持续性。在经济快速积累阶段湾区城市群往往挥霍透支着富有的生态本底资源，但在“双碳”目标导向下的发展应该选择绿色低碳循环发展路径，实现可持续发展。

首先要凸显碳汇能力重要性。高质量高容量碳吸收能力成为湾区可持续发展新的聚焦点，这就要求湾区城市群保护与构建完善的碳汇生态空间与碳库网络格局，确保安全稳定的碳汇量与碳储量。湾区的碳汇空间集中在沿海湿地、海洋与陆地森林 3 个区域，特别是海洋、湿地碳汇具有独特的优势，因此要全面推进红树林、海草、盐沼等高碳汇生态空间的规划建设。其次是构建绿色低碳产业体系。湾区城市群需要构建高质量与清洁化的经济产业体系，制定更严格的碳排计划清单，培育壮大开发碳汇交易等未来新型业态。最后是重视生态工程。实施陆海统筹负排放生态工程，研发缺氧 / 酸化海区的负排放技术、实施海水养殖区综合的负排放工程，以及利用湾区城市群科技创新优势与经济发展优势大力推进国土空间生态修复工程。

三、以生态低碳城市为发展载体

随着低碳发展研究的不断推进，减碳排的关键性研究聚焦于城市，碳减排的关键点就是要建立生态低碳城市。在中微观尺度下，对城市进行能源结构优化、产业结构调整、政策管理体制创新等方面的低碳化发展研究。而在宏观空间尺度下，对城市与城市间的多元利益主体、空间联系、职能分工等方面进行低碳化发展研究，探寻在更大尺度上实现低碳发展目标，并深化和有效衔接中微观尺度下的低碳发展，形成“宏观把控，中观调控，微观管控”的多元化低碳协同发展。此外，未来的湾区城市群应加快构建绿色生产方式、生活方式和消费模式，引导绿色消费作为绿色城市建设的重点，实现湾区在城镇化中通过自身的“规模效应”和“同群效应”助推生态低碳城市发展。

第二节 多元化与全域性的视野高度

全球化发展趋势和自身地缘优势背景下，湾区城市群势必在未来的发展中面临着更加多样化的发展机遇和挑战。在“双碳”目标背景下，需要湾区决策层在低碳可持续发展实践中具备多元化和全域性的发展视野。

一、动态生长：把握湾区发展阶段

湾区城市群是港口城市发展的高级形态，发展过程具有较长的时间阶段。目前世界上最著名、等级最高的四大湾区城市群有旧金山湾区、纽约湾区、东京湾区、粤港澳大湾区城市群，国内的北部湾城市群、环杭州湾城市群等，这些湾区城市群在发展阶段上并不统一，经济规模等级、生态质量、产业结构等都存在着较大的差异，因此在研究时不可一概而论。科学准确把握湾区城市群生长发育阶段与特征有助于在湾区城市群不同阶段进行针对性指导与规划。

以国内湾区城市群为例，京津冀城市群依托其南北两翼的山东半岛城市群、辽中南城市群共同向渤海海湾发展，形成环渤海湾区城市群；环杭州湾城市群与长江三角洲联动发展形成泛长江三角洲城市群；北部湾城市群与粤港澳大湾区城市群也将持续发展扩张。参考人均 GDP、城镇化率等数据将其发展阶段类型划分为趋向聚集型（环渤海湾区城市群、泛长江三角洲城市群）、集聚加速型（粤港澳大湾区城市群）和生态维育型（泛北部湾城市群）（表 5-1）。并在之后时刻调整湾区城市群的发展阶段与定位，动态提出相对应的发展与规划对策。

2020 年中国典型湾区城市群经济指标值与分类表　　表 5-1

湾区城市群	环渤海城市群			长江三角洲城市群	粤闽浙沿海城市群	粤港澳大湾区	北部湾城市群
	山东半岛城市群	辽中南城市群	京津冀城市群		海峡西岸城市群		
人均GDP（万元）	7.22	5.89	7.45	12.02	6.68	16.73	5.13
GDP增长率（%）（2016—2020年）	1.27	1.43	1.53	7.87	5.75	4.62	3.47
城镇化率（%）	63.10	72.09	77.46	73.29	68.89	91.40	62.91
湾区城市群类型	趋向集聚型			集聚加速型	趋向集聚型	集聚加速型	生态维育型

数据来源：各地区统计局 2016—2021 年统计年鉴。

二、区域协作：发挥资源集合优势

湾区城市群具有跨越若干行政区域的特点，因此发展深受行政地域阻隔的影响；但同时城市之间日益加深的经济与空间联系，正在重塑湾区未来的增长模式。湾区特有的海洋特征与跨政府、跨行政边界发育方式要求从湾外区域与湾内城市两个层面分析湾区空间，建立多层次、全方位、一体化的低碳治理体系。

湾区内城市层面，坚持湾区内联动，促进湾区内部发展平衡。建立一种新型的低碳治理监督责任制，如建立相对完善的碳排放权交易制度、生态保护补偿制度等，并不断完善治理监督制度，构建湾区不同城市、不同组织间统一的低碳行动体系。同时，城市层面促进湾区一体化的进程中以协议或契约等合作方式构建区域性合作机构，进行全方位的合作共享。

湾外区域层面坚持湾外联合驱动，发挥湾区资源集合优势。考虑湾区海岸线上会涌现出连续成片的高密度都市区，重点关注这些区域碳浓度密集区的形成，针对这些密集区提出改善区域治理策略，建立区域中不同低碳行动机构间的有效合作，实现城市间的合作与制衡，构建陆海领域低碳行动统一纲领。考虑建立专门处理湾区城市群的跨区域合作机构，以项目为导向推动湾区区域一体化的进程，职能与地方性管理机构的日常事务不冲突，不损伤其独立性，仅对跨区域联合项目有话语权。

三、海陆联动：海陆生态统筹共治

湾区城市群与常规城市群相比，除了区域层面和城市层面这一维度需要协调好区域协同以外，还有特有的海陆区域协同需求。长期以来，沿海城市在城市规划管理过程中“重陆域、轻海域”的传统理念均有不同程度的体现，向海发展仅停留在向海要地。陆海分割的规划管理建设模式导致沿海城市在生态环境保护没有将陆海看作一个整体，海域生态环境污染长期以来被忽视。如今在湾区城市群快速发展阶段，城市群发展应顺应“山水林田湖草沙海”生命共同体理念，摒弃“重陆轻海”发展观念，将陆域、海域纳入统一的规划，形成海陆生态统筹共治理念导向下的协同发展模式。

另外，为促进海陆区域协同，可以建立共享的地理空间数据库，在同一个数据库的基础上分别进行陆地与海洋的分析，并评估环境、社会经济等对于海陆的影响，以阐明海洋与陆地、城市与生态空间之间的冲突、协同等关系，以便给决策者提供多层次的参考、支持当地的发展与规划决策。

四、全域管控：全过程低碳规划

“双碳”目标导向下的湾区城市群应该考虑如何将“双碳”融入国土空间规划中，全域性全过程整合衔接前期分析、技术评价、规划编制、规划实施等涉及碳排碳汇信息的规划过程，在“多规融合”模式下根据各类湾区城市群不同特点构建陆海领域总体空间格局，建立湾区城市群空间碳排碳汇信息基础数据平台，统一底图、统一标准、统一管理制度，进一步保障一体化治理，形成区域共建共享的局面（图 5-1）。前期分析时要注重不同湾区城市群的固有特点和发育阶段特点，充分掌握其自然本底；技术评价阶段需要融合数字检测等技术进行基于气温、土壤和植被等多领域的全生命周期评估；规划编制阶段要在前期分析和技术评价的基础上搭建形成区域多层次、陆域海域多元素的生态复合型碳汇优化格局；实施阶段通过碳排放监测“一张图”、碳库补偿“一张网”对规划实施监督和长期动态调整。

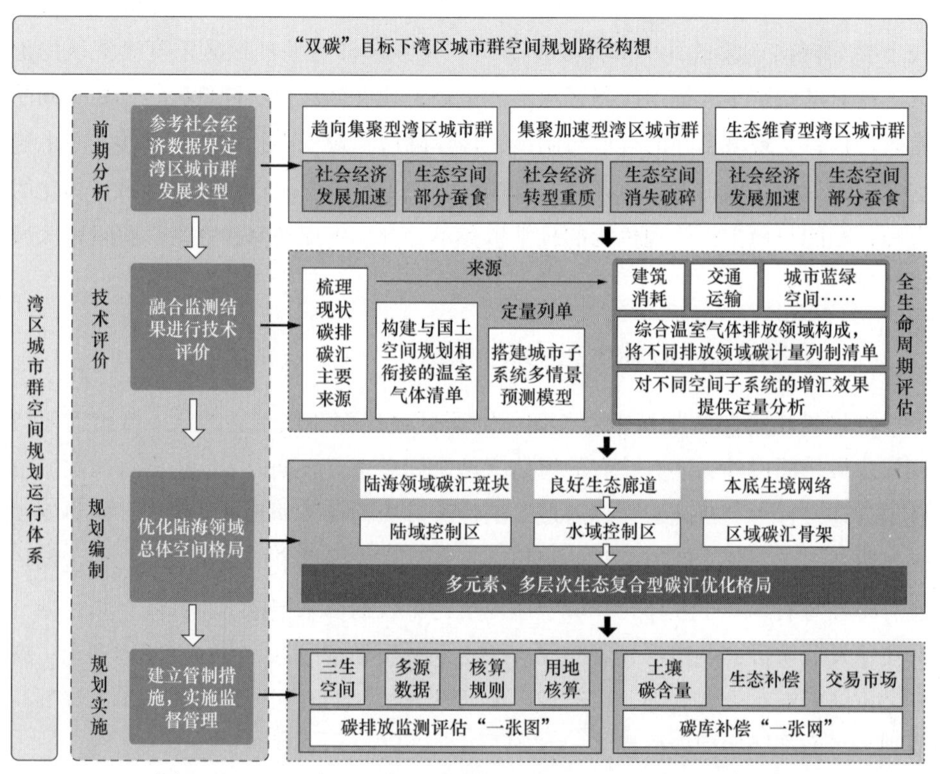

图 5-1 “双碳”目标下的湾区城市群空间规划路径图

湾区城市群碳排放监测评估“一张图”需要在依托国土空间规划“一张图”的基础上建立湾区城市群碳排放动态数据库。动态跟踪湾区城市群三生空间碳排放水平，遵循“多源数据—核算规则—用地核算”的思路，对三生用地进行碳排放与碳汇核算，建立涵盖城市群、市域、县域多个研究尺度的三生空间碳排放监测评估体系。在形成“一张图”过程中，有助于统筹“三线”划定与管控，为碳汇提供生态支撑，也量化湾区城市群内部生态、社会、经济各子系统之间及各要素之间内在作用。碳库补偿“一张网”主要是指在全国土地调查过程中，加入关于土壤碳含量情况的调查，在调查结果的基础上建立湾区城市群土壤信息碳库监测网。这“一张网”记录湾区城市群土地利用方式、植被种类及相应土壤中的碳含量，相邻两次土地调查数据增减情况将成为土壤碳汇补偿标准制定的重要依据。碳库补偿“一张网”可帮助确立湾区城市群各城市减排指标，并有可能作为一种重要碳汇资源参与到各城市间的土壤碳汇交易中。

第三节　精细化与智能化的技术支撑

从城市规划管理的角度来看，数据监控和智能预测等科技手段的利用，推动城市规划监管立体化、可量化和可视化，而将各类科技手段融入相关规划分析及编制中，可以提升规划咨询与决策的科学化。从技术创新的角度来看，大数据信息的深度挖掘可以实现从信息不对称到信息共享的转换，是“共建、共治、共享”治理理念的基础技术支撑，并极大提升生态环境保护预警和各项低碳技术创新能力。

一、源头控制：规划实施前的预测

为彻底将“双碳”目标理念全面融入国土空间规划，除了在国土空间规划时充分考虑“双碳”的理念与需求，更应该在规划实施前进行土地利用碳排碳汇的模拟预测。土地利用是国土空间规划的重要内容，土地利用变化是国土空间规划的表现，是影响陆地生态系统碳循环的重要因素，也是引起区域碳循环变动的主要原因。因此量化湾区城市群土地利用变化下空间碳排碳汇动态不仅是国内外研究热点，也是推动区域可持续发展的关键。建立相应碳足迹预测模型及土地优化模型，以实现城市群土地利用低碳发展成为必然。

二、过程监控：动态数据库的建设

碳排碳汇是一个连续动态的过程，为使“双碳”目标在规划技术方面实现创新，必须将“双碳”目标全面纳入湾区城市群空间规划全过程、各层级，形成清晰连续的空间传导链条，建立统一的基础信息平台与实施监督系统。首先整合和更新湾区城市群空间的自然资源全要素，依托国土空间规划建立共享统一的空间基础信息平台和湾区城市群碳排碳汇动态数据库；其次，根据影响强度测度、驱动因素识别等指标确定的核算规则，建立涵盖湾区城市群海陆空间的碳排放监测评估体系；最后绘就湾区城市群碳排放监测评估“一张图”和构建湾区城市群碳库补偿“一张表”，形成以统一用途管制为手段的湾区城市群空间开发保护制度。此外，除了在云平台进行动态监测，还应该形成“月监测报告”“年度监测报告”等定期反馈低碳技术的实施效果，以及时调整和完善规划策略。

三、长期把控：全周期模型的构建

湾区城市群的长期把控首先要构建全周期低碳评估模型，在“双碳”目标理念下建立覆盖城市规划全周期的评估模型，通过观察城市群碳排碳汇动态变化规律，评估低碳发展程度，避免城市群低碳发展只是“短跑运动”。全周期评估模型较其他环境评价方法的优势在于不仅考虑了城市单系统或是单个城市的碳排放结果与脆弱性评价，而且也考虑了城市内与城市间从策划规划到城市运营全过程的碳循环负荷和影响。全周期评估模型重点考虑目标与系统边界的确定、清单建立和影响评价。首先，在目标与系统边界确定阶段，对湾区城市群各子系统内每个碳排碳汇空间单元活动进行量化评价，通过分析低碳发展影响因素，完成碳排碳汇相关指标预选；其次，对指标重要性程度做调查，建立湾区城市群的低碳发展评价指标体系和清单；最后，在影响评价阶段，通过情景分析判断湾区城市群未来低碳发展的趋势与路径，避免高估或低估未来低碳发展的各种外部影响力。

第四节 系统化与时序化的治理创新

在实现“双碳”目标形成的一套低碳理念、多元视角和智能技术的约束与加持下，未来湾区的区域、城乡、城市间的发展还应保证均衡发展和协同发展，构建一套可持续发展原则和管治机制，提出阶段性的发展应对策略。因此，需要建立以湾区城市群为主体的跨区域低碳发展共同体，立足于人口、社会、经济、生态协调发展的系统化和时序化观念，考虑共同体内不同城市间发展差异的横向公平以及各地区历史发展机遇的纵向公平，平衡城市间发展权益，完善政策制度，创新治理管理机制。

一、湾区城市群系统化发展应对

在政策制定方面，推动湾区城市群政策的衔接，协调陆海统筹发展。应进一步强化中央层面在湾区发展中的指导引领作用，从湾区整体协调发展的要求出发，研究出台配套政策措施，如湾区区域性法规《湾区区域经济合作条例》《湾区区域环境保护条例》等；建立跨区域的规划协同机构，将湾区城市群不同城市的制度差异转化为制度优势，从顶层设计上保证湾区陆海领域一体化和可持续发展；区域内部要注重陆海之间的交互作用，积极推动湾区陆海两个空间的规划政策协同，从而保证湾区陆海经济、生态文明建设一体化规划。

在区域协作方面，其一，基于碳共同体共识，健全湾区城市群跨域主体协同治理机制。大气、森林、农田、水域等自然空间治理均涉及跨行政区公共问题，应基于碳共同体的空间治理，并契合“山水林田湖草沙海”生命共同体理念，要求突破以“府际竞争”为核心特征的区域治理体系，寻求城市与城市、城市与自然之间空间治理领域的共同利益，推动府际关系向协同治理转型。其二，立足湾区城市群的海陆资源优势，促进区域生态合作。湾区特有的海洋特征与跨政府、跨行政边界的发展方式要求从区域与城市两个层面分析湾区空间，建立多层次、全方位、一体化的低碳治理体系。其三，加强同步协同和内外协同，打造湾区命运共同体。协同发展是一项系统工程，是湾区相关主体通过有效整合而形成合力的过程。内外协同要求湾区各城市寻求外部协同发展时要抓好内部协同建设，对内要抓好产业、人才、创新三大体系的建立。

在生态治理方面，未来应环湾联动，共同推动海湾环境综合治理。以“双评价”为基础，以维护区域生态安全和生态保护红线为前提，坚持区域环境联防联治，着力解决水、大气、土壤等突出环境问题，坚决打好污染防治攻坚战，筑牢湾区生态环境根基。进一步完善跨县市（区）联防联控治理模式、探索建立“湾长制”、完善区域生态补偿机制和建立排海总量控制制度。

二、湾区城市群时序化发展应对

对中国湾区城市群应对“双碳”目标发展关键点进行梳理，归纳为全国、重点地区、城市群三个维度，将其反映至“双碳”目标时间轴（图 5-2）；同时结合国家发展需求与技术支撑，展望未来空间规划重点研究方向及技术，将我国“双碳”过程分为探索期（2020 年之前）、达峰期（2021—2030 年）、交错期（2031—2040 年）、中和期（2041—2060 年）、后中和期（2061 年之后），并基于此，对未来不同发展阶段的湾区城市群提出应对策略。

（一）达峰期：以 2030 碳达峰为目标，有序推进低碳转型工作

为实现 2030 年“碳达峰”目标，我国提出落实以节能增效为导向的经济、交通和生活建设，使得因疫情、贸易摩擦造成的经济萎缩得以复苏。为加快实现节能转型，发展低碳经济，实现碳达峰，湾区城市群应重点关注区域社会经济系统、交通运输体系等子系统在国土空间上的碳排总量和碳排强度（图 5-2）。通过湾区城市群“交通—生态环境—经济”耦合协调系统分析，利用交通体系构建低碳复苏格局和重构生态循环经济体系，是湾区城市群实现碳达峰目标的主要抓手。通过分析疫情对交通体系可持续发展造成的冲击，改善过去高能耗的出行方式，进一步加强湾区城市群交通系统建设，形成优质高通达低能耗的交通网络体系；生态环境方面，针对湾区城市群生物多样性流失与生态格局受损，梳理生物迁徙暂栖踏脚地、陆海建设障碍地、生态环境脆弱斑块、水系交汇点，形成重要的陆海生态廊道与基底；在推动低碳经济转型方面，“绿色”“可再生能源”将成

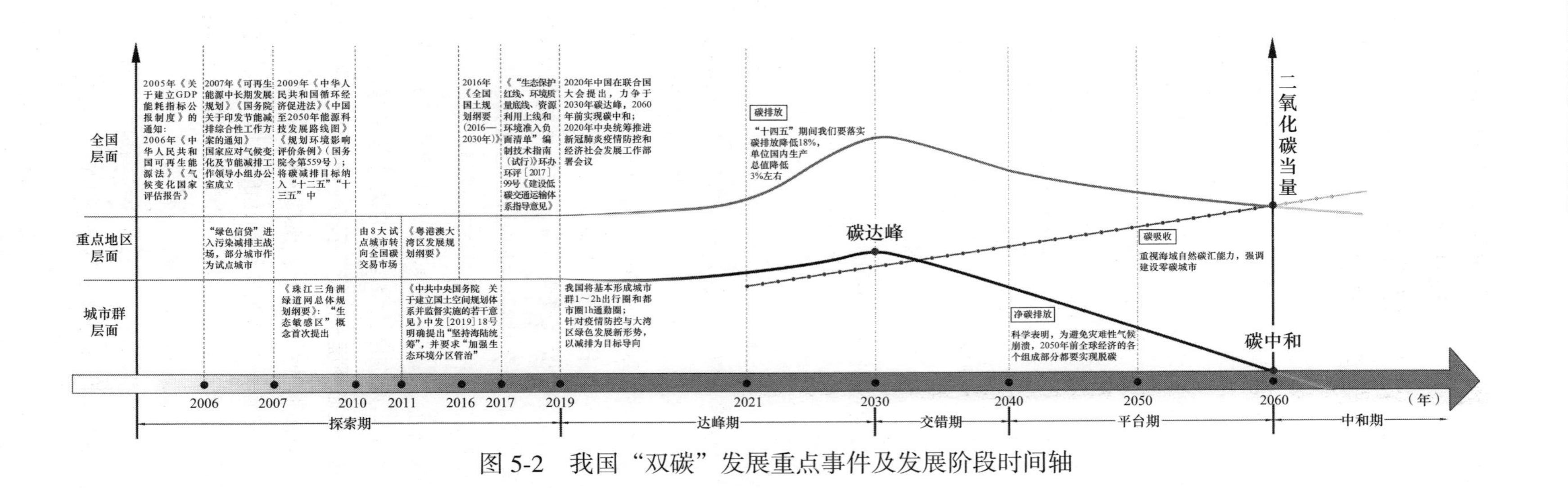

图 5-2　我国"双碳"发展重点事件及发展阶段时间轴

为后疫情时代即碳达峰期主题词。关注可再生能源发电与碳捕集、封存利用技术等，努力构建绿色低碳的“近零排放”能源体系，利用湾区城市群低碳驱动力指数（*DI*）、低碳压力指数（*PI*）、低碳状态指数（*SI*）、低碳影响指数（*II*）、低碳响应指数（*RI*）等评价指标建立低碳城市模型，适时提出和构建湾区城市群碳相关指标。

在此阶段，类似京津冀城市群等趋向集聚型湾区城市群应在确保经济高速增长的同时，不以牺牲生态环境为代价，改变以公路为主体的出行方式，加快以城际轨道交通为主导的区域公交系统建设，降低核心城市的拥挤程度，以线带面拉动中小城市的广泛区域，并在区域交通系统上建立碳足迹预测模型，根据运输体系与碳排分布差异提出空间布局安排；集聚加速型湾区城市群，如粤港澳大湾区与长江三角洲城市群需在经济发展趋向稳定的基础上，聚焦未来土地利用情景。量化土地利用变化下空间碳排放动态，从而进行土地优化；北部湾城市群等生态维育型湾区城市群在生态优先的情况下，应考虑基于单位GDP碳排放、人均GDP碳排放等复合型因子区域发展评价，合理预测经济与碳排放间关系。协调耦合湾区交通网络体系、陆海重要生态廊道与可再生能源骨架，从区域演变的角度提出湾区城市群协同减排的优化路径，这为其率先实现碳达峰提供可行路线。

（二）交错期：以扭转碳排上升趋势为目的，促进增汇减排并线发展

我国碳排放进程在前期是遵循先增后减的节奏，通过“达峰期”的缓冲到达碳达峰后，碳排放稳中有降，低碳发展模式逐渐成熟，绿色发展的内生力逐渐增强，绿色生活方式逐渐普及，“双碳”进程进入减排增汇的并线发展交错期（图5-3）。交错期对于碳足迹动态监控平台的需求更大，需要进一步加强碳排监管，完善碳交易市场，做好国土生态修复增加碳汇，实施最优碳汇总体格局。湾区城市群需要整合和更新自然资源，建立统一的空间基础信息平台，绘就湾区城市群碳排放监测评估“一张图”，构建湾区城市群碳库补偿“一张网”，形成以统一用途管制为手段的湾区城市群空间开发保护制度。

首先，集聚加速型湾区城市群着重建设碳排放监测评估“一张图”。湾区城市群碳排放监测评估“一张图”需要在依托国土空间规划“一张图”的基础上，建立湾区城市群碳排放动态数据库。该数据库需要动态跟踪湾区城市群三生空间的碳排放水平，并遵循“多源数据—核算规则—用地核算”的思路，对三生空间的用地进行碳排放与碳汇核算，最终建立涵盖城市群、市域、县域多个研究尺度的三生空间碳排放监测评估体系。在形成“一张图”过程中，有助于统筹“三线”划定与管控，为碳汇提供生态支撑，也落实了湾区城市群内部生态、社会、经济各子系统之间及各要素之间内在作用。其次，生态维育型应注重建设碳库补偿“一张网”，由于湾区城市群经济发展与“双碳”目标理念之间存在一定矛盾，

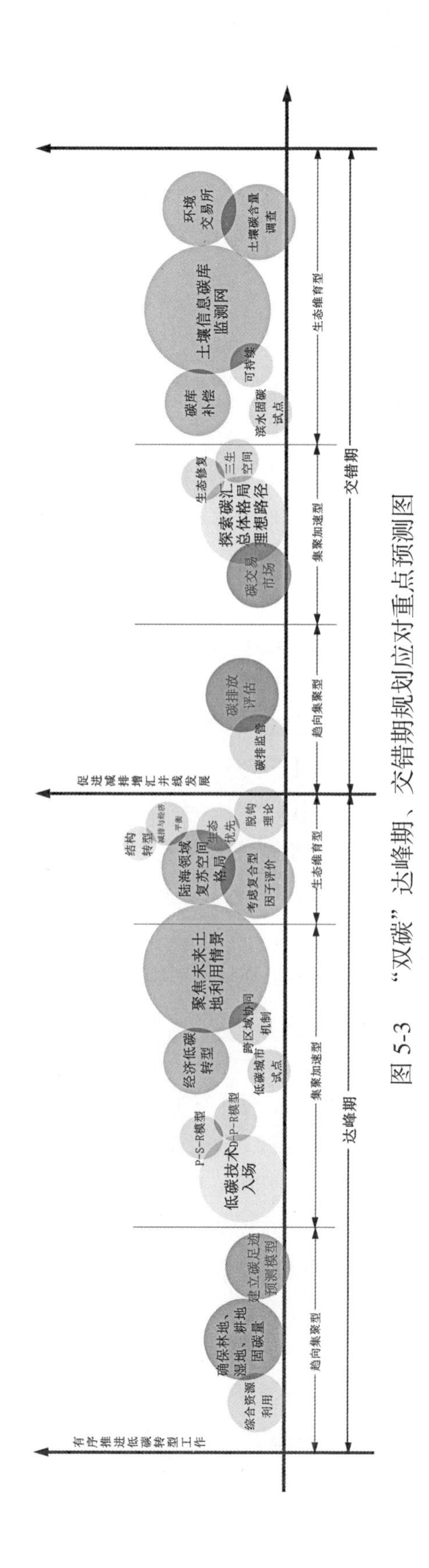

图 5-3 “双碳”达峰期、交错期规划应对重点预测图

当前本书的研究考虑采用生态补偿的手段，以达到既保护生态系统又能促进经济发展的目的，特别是对沿海红树林湿地的生态修复与养护。在全国土地调查过程中，加入关于土壤碳含量情况的调查，在调查结果的基础上建立湾区城市群土壤信息碳库监测网。该信息平台可帮助确立湾区城市群各城市减排指标。同时成立环境交易所，进一步巩固城市群空间组织形式，加强跨区域合作，从而构建绿色健康的碳交易场景。

（三）中和期：以 2060 碳中和为目标，全面推进碳汇增质

基于经济客观发展规律，产业能源等领域的结构调整会对碳减排产生重要影响，但终将出现瓶颈，无法促使碳含量大幅度下降，自此，“双碳”进程将进入中和期。在中和期，碳减排下降趋势不变，但下降速率有所变化。该阶段的碳排放政策进入了精细化管控阶段，碳汇重要性进一步凸显，高质量、高容量的碳吸收成为“双碳”行动的新聚焦点。湾区城市群同时拥有海陆两套碳汇系统，在中和期将充分发挥自身优势，引领全国碳中和进程。首先，各城市群需要制定更严格的碳排计划清单，高质量与清洁化的经济产业体系基本建成。其次，加快推进完善碳汇生态空间与碳库网络格局，确保安全稳定的碳汇量与碳储量。湾区的碳汇集中在沿海湿地、海洋与陆地森林三个区域。在森林碳汇中，需要合理选择造林地并重视对树种的精选，注重清理造林区域等生态修复内容；湾区城市群在海洋、湿地碳汇方面具有独特的优势，要全面推进红树林、海草、盐沼等高碳汇生态空间的规划建设。除此之外，还可开发其他负排放途径，如实施陆海统筹负排放的生态工程、研发缺氧 / 酸化海区的负排放技术、实施海水养殖区综合的负排放工程等。

另外，严格控制湾区运河、码头等基础设施施工过程中对湾区海岸带生态环境的破坏，利用湾区城市群的科技创新优势与经济发展优势来缓解生态空间土地面积变化带来的碳汇量减少的问题。开发创新型生态产业，增加碳汇相关行业的就业岗位，形成人才集聚效应，共同解决碳汇产业未来发展路径的规划问题。

在此阶段，趋向集聚型、集聚加速型的湾区城市群在严格遵守低碳排放指标体系的同时，要科学地增加生态节点，优化提质有限的生态节点，形成生态节点布局优化的增汇空间模式；生态维育型湾区城市群要充分发挥生物多样生态优质的优势，建立增汇核心区、自然连接区等基础规划区，并将各类规划相互衔接从而增汇。

（四）后中和期：以绿色低碳发展为长期目标，实现长期碳中和

在平稳度过中和期后，“双碳”进程进入后中和期。“碳中和”不仅是阶段性目标，更是一个长期目标，长期实现碳中和需要湾区城市群基于和谐社会的前提下着重考虑绿色经济与可持续发展（图 5-4）。

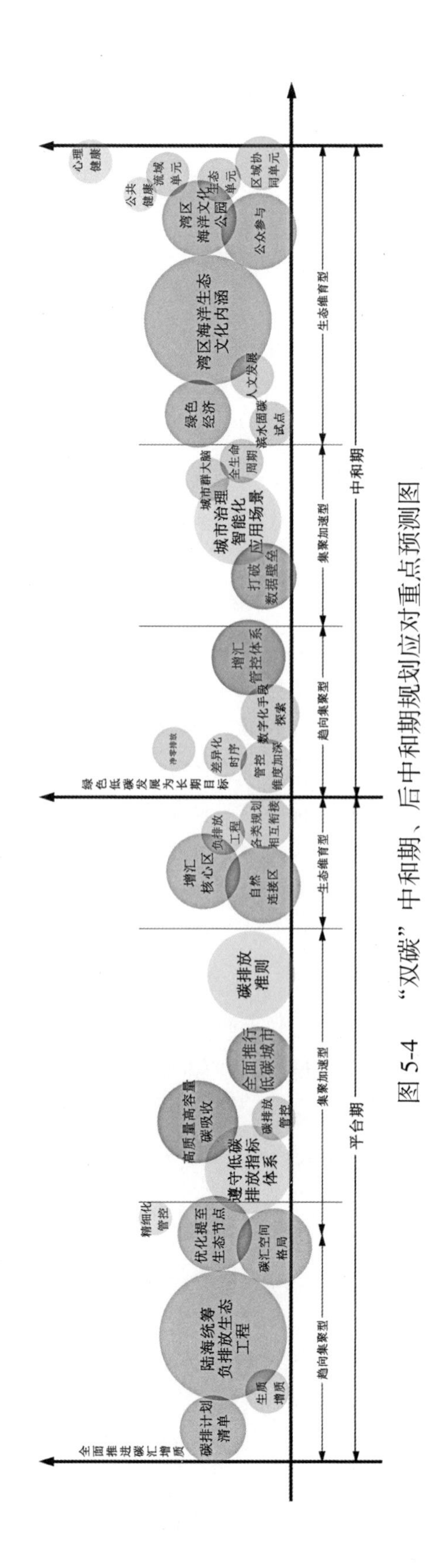

图 5-4 “双碳”中和期、后中和期规划应对重点预测图

首先，碳中和是一种净零排放状态，长期实现碳中和需要在考虑碳减排和碳抵消基础上重点考虑增汇的合理布局。根据碳达峰、碳中和差异化时序深度挖掘碳汇空间潜力的需要，后中和期湾区城市群应积极探索发展新模式，在特殊区域尺度上形成增汇管控体系。相关规划上，打破以行政单元作为“五级三类”的规划编制单元，以生态单元、流域单元或区域协同单元为基础，开展增汇规划文本编制，实现管控维度加深。其次，对于湾区城市群这个特殊尺度的国土空间来说，以绿色低碳与可持续增汇为目标，建立覆盖城市群全生命周期的评估模式是必须的手段。评价的时间跨度，可从规划时段（发育期）到城市群运营时段（成熟期）进行全过程的评估，找准评估标准与数据阈值，避免城市群发展一味向高值看齐。对湾区城市群内单元活动进行健康评估得到一体化增汇体系，从而检测湾区城市群在长期碳中和下的未来变化趋势。最后，未来时期，趋向集聚型湾区城市群的能源、电力生产等系统已进入负碳阶段，为确保该时期的碳中和不反弹，数字化计划融入各系统迫在眉睫，数字化手段的探索将有效推动其进行绿色低碳转型，使碳中和阶段平稳下去；生态维育型湾区城市群在发展绿色经济基础上，考虑人文发展，培育文化内涵，充分挖掘湾区海洋生态文化内涵，有条件的湾区可以建设湾区海洋文化公园。集聚加速型湾区城市群在全球加快人工智能应用的背景下，应面向未来，关注如何打造我国湾区城市群中心智慧大脑这一问题，从更高层次与层面上预测并解决未来湾区城市群出现的不确性生态环境问题。

附 录

相关规划设计与意向表示图

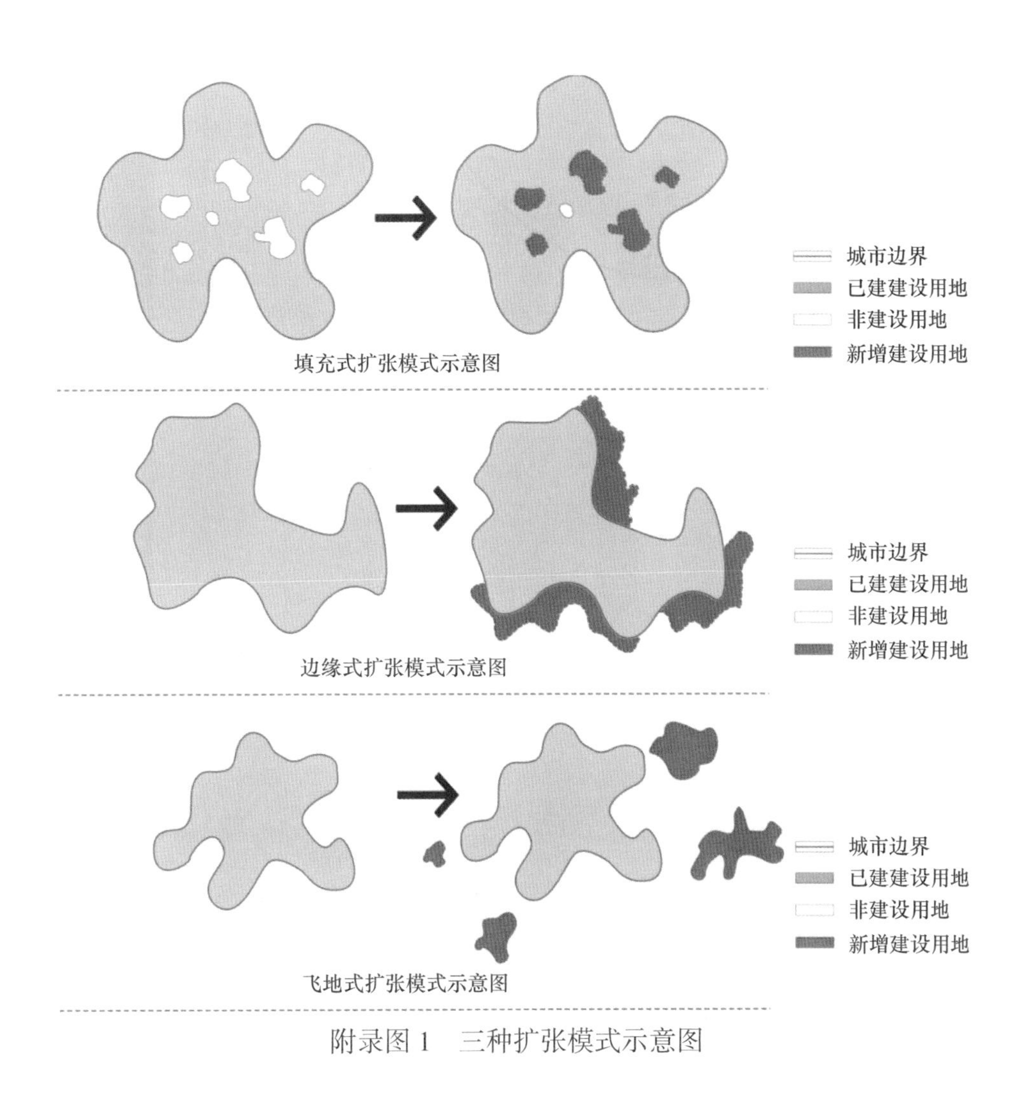

附录图 1　三种扩张模式示意图

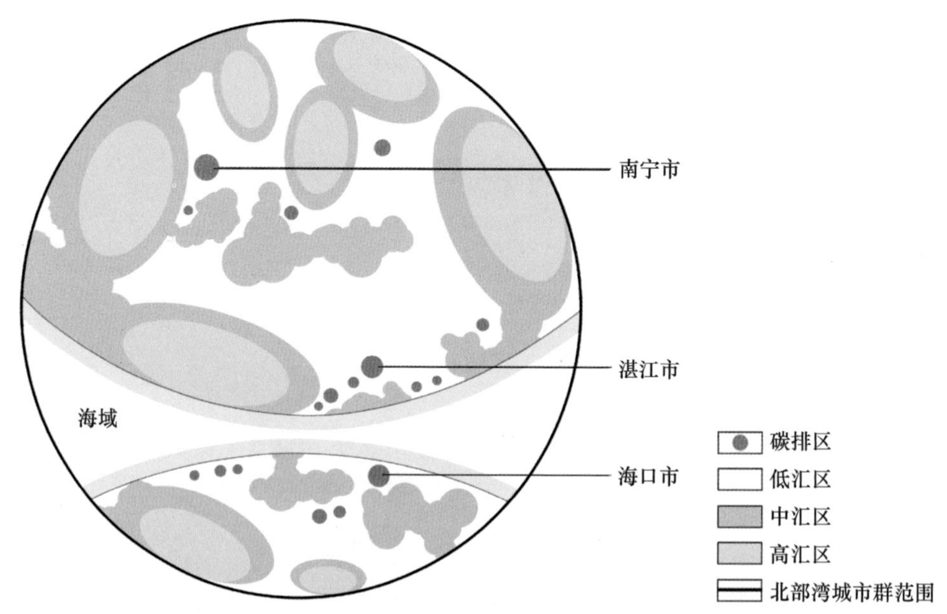

附录图 2　北部湾城市群碳汇量空间分区示意图

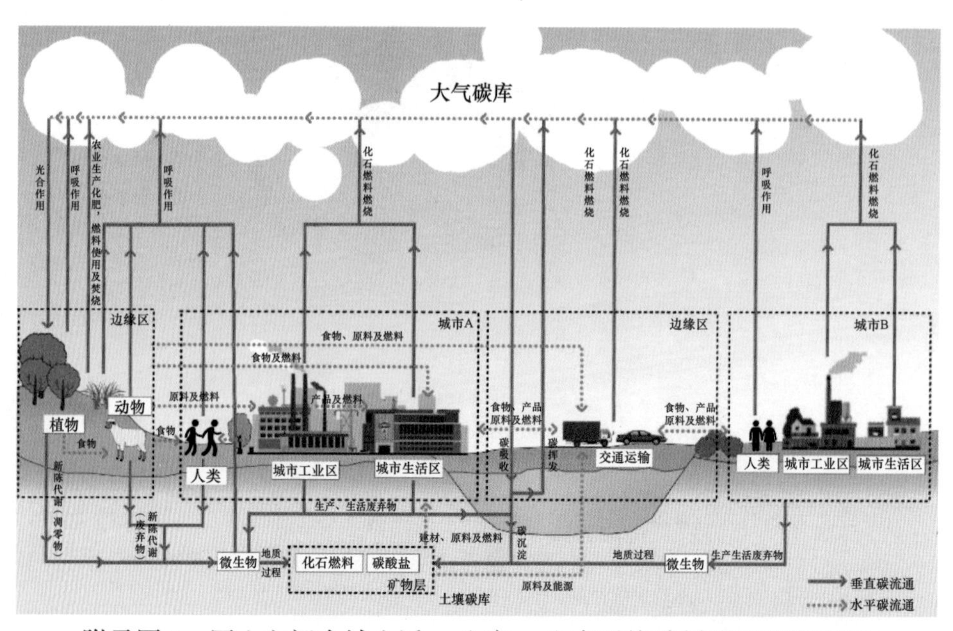

附录图 3　国土空间全域生活 - 生产 - 生态系统碳循环过程模型图

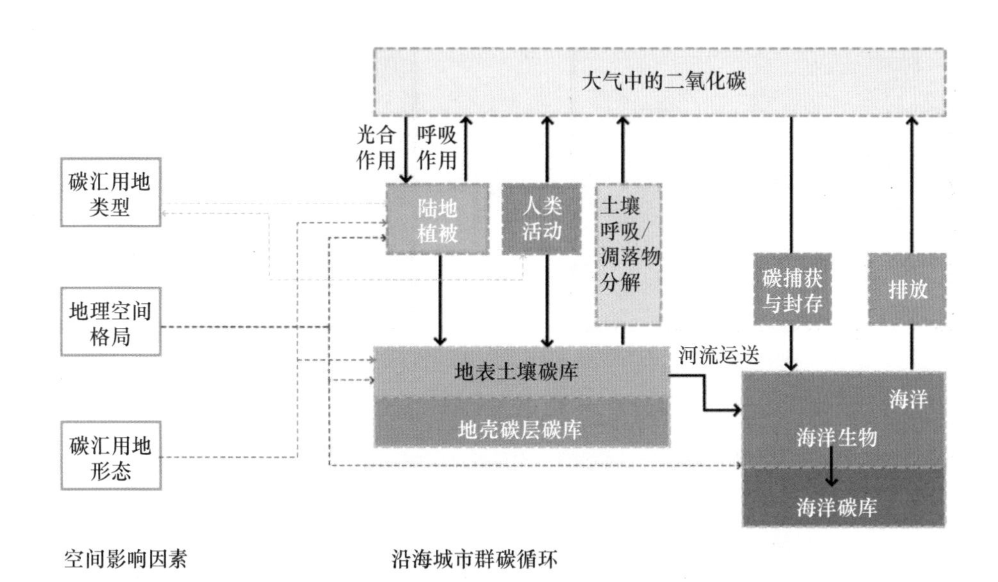

附录图 4　沿海城市群碳循环与空间影响因素关系图

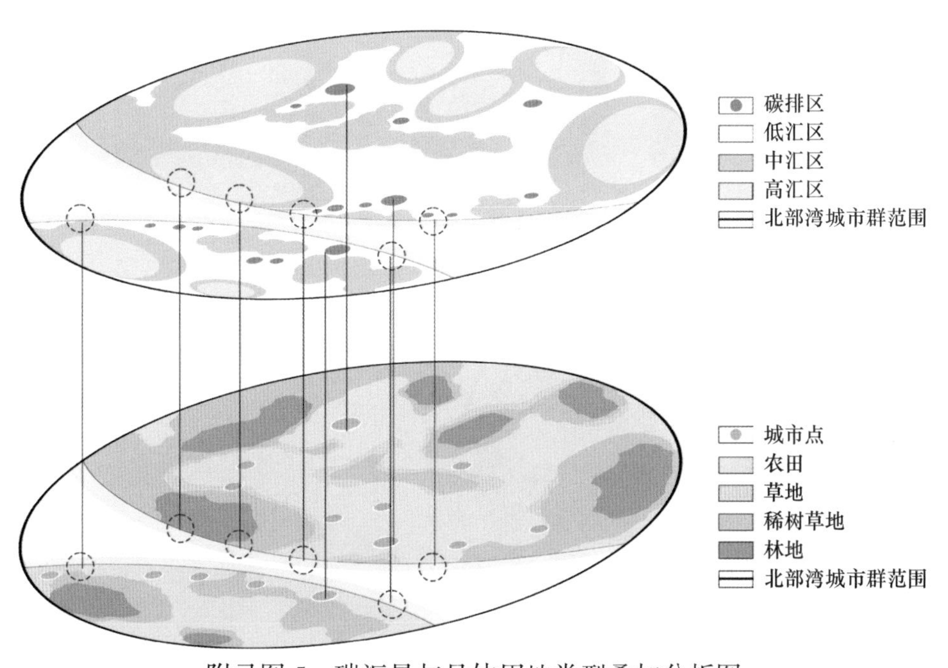

附录图 5　碳汇量与具体用地类型叠加分析图

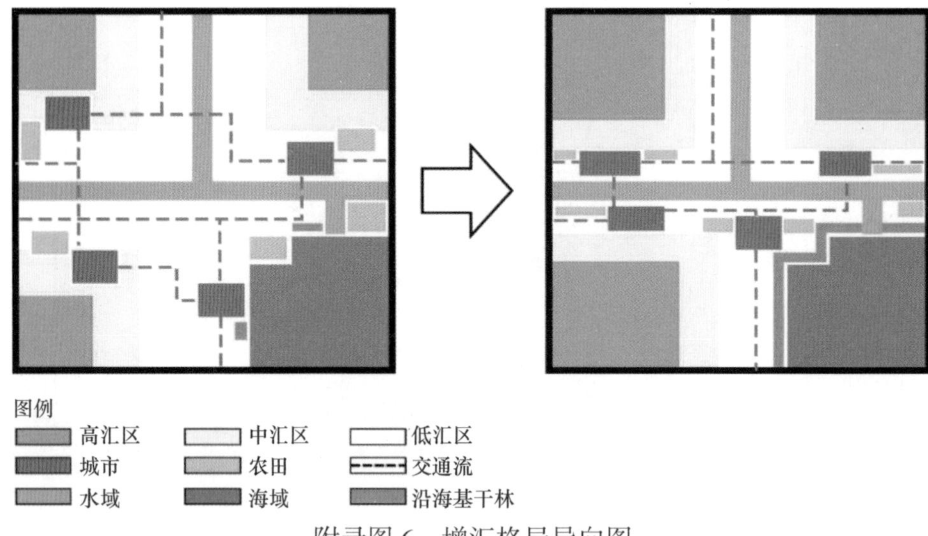

附录图6　增汇格局导向图

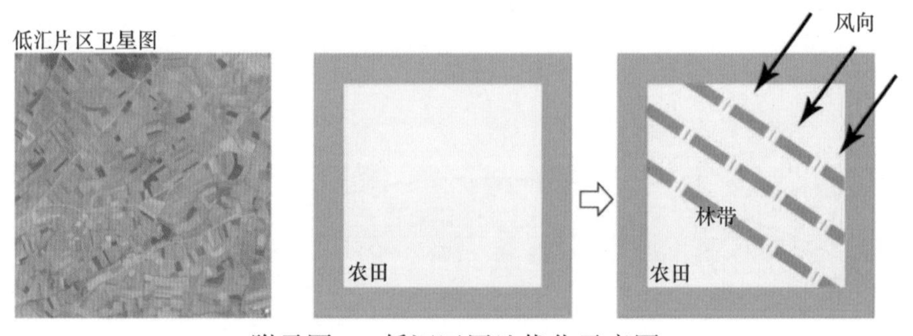

附录图7　低汇区用地优化示意图

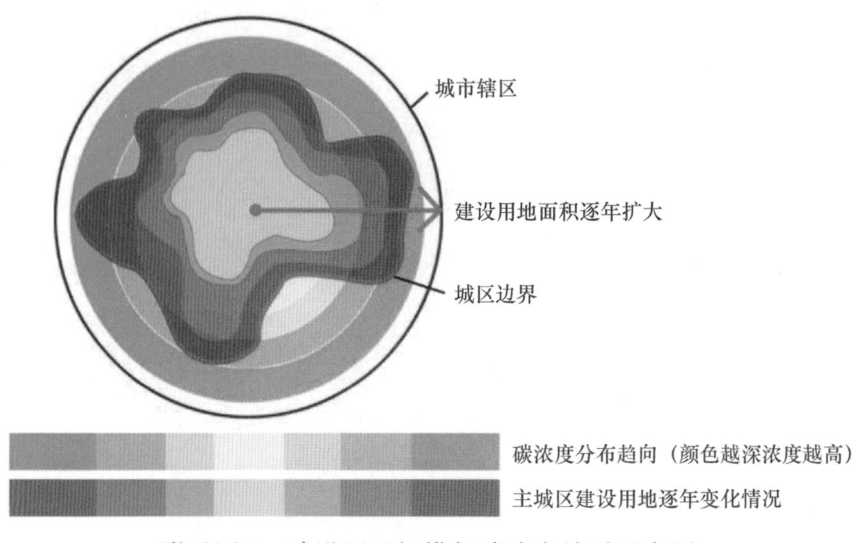

附录图8　建设用地规模与碳浓度关系示意图

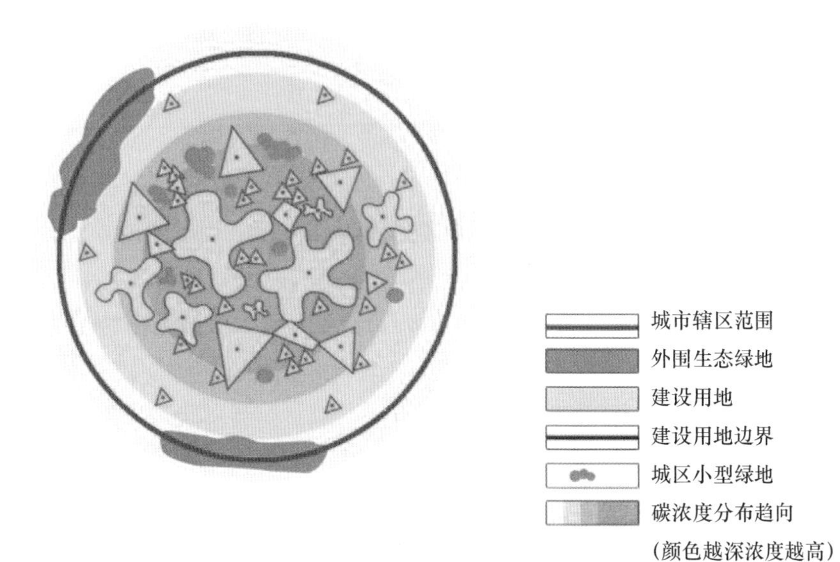

附录图 9 建设用地形态与碳浓度关系示意图

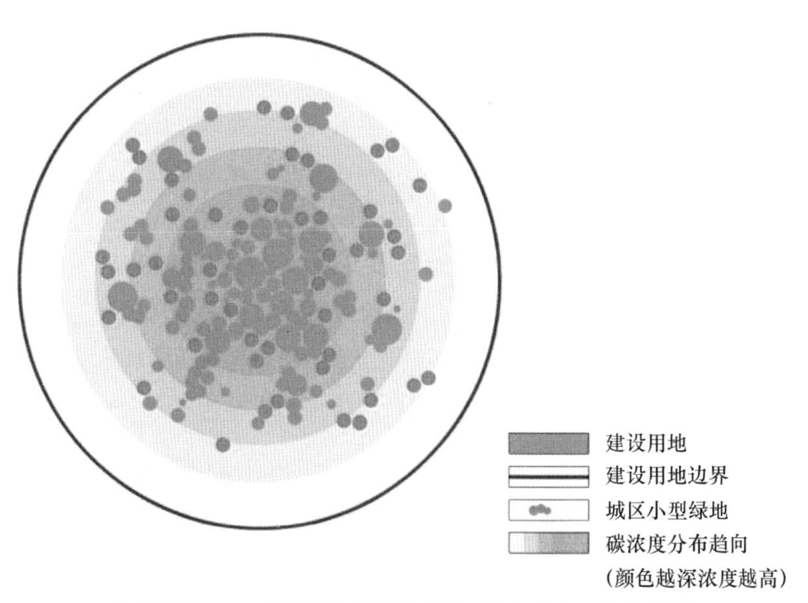

附录图 10 建设用地聚集度与碳浓度关系示意图

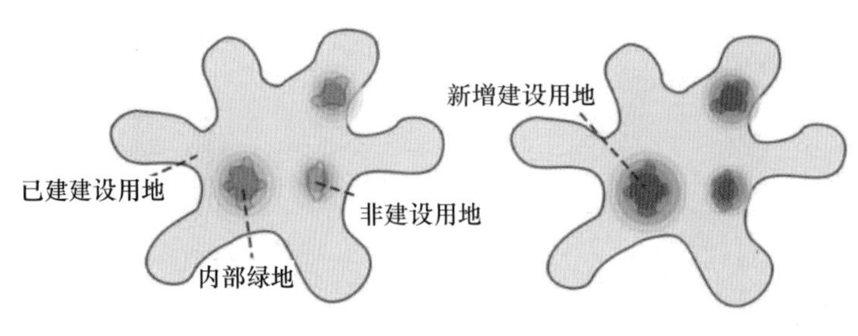

建设用地填充式扩张

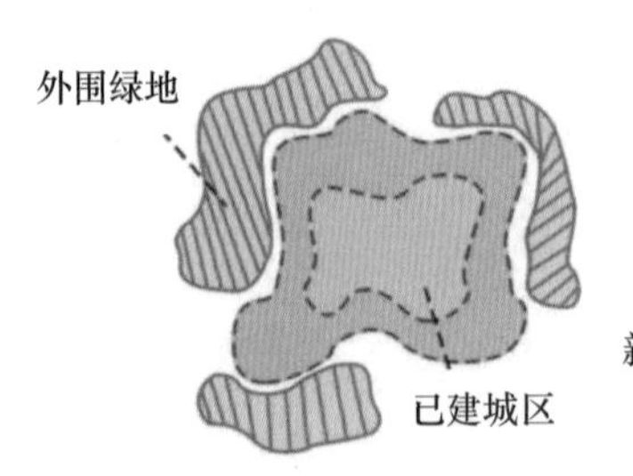

建设用地边缘式扩张

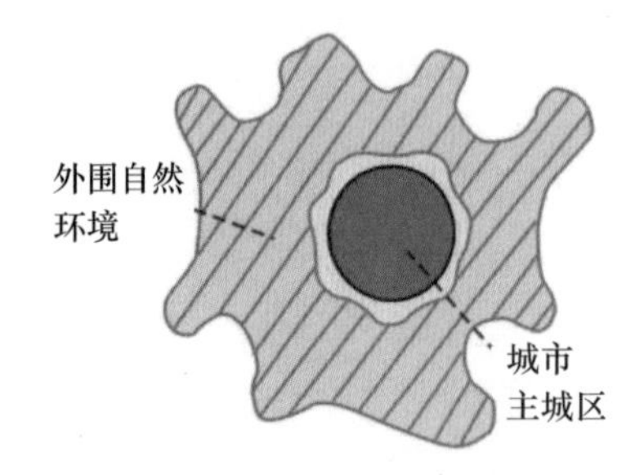

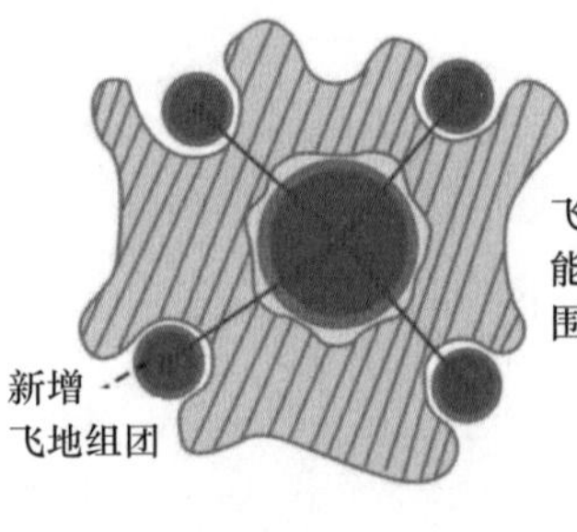

建设用地飞地式扩张

附录图 11　三种扩张模式对自然环境的影响示意图

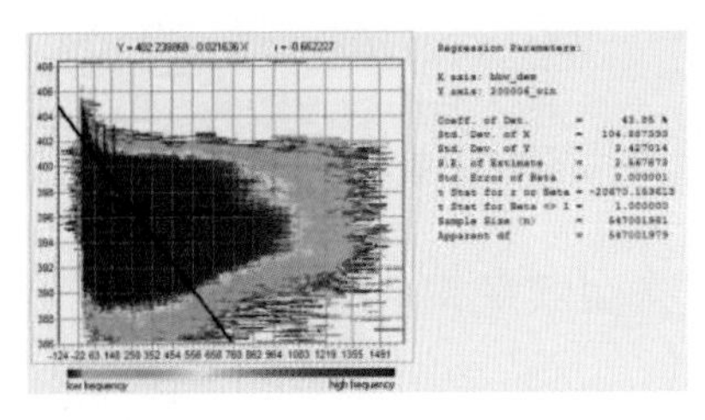

(a) 2000 年 6 月北部湾城市群高程（DEM）与二氧化碳浓度的相关性分析

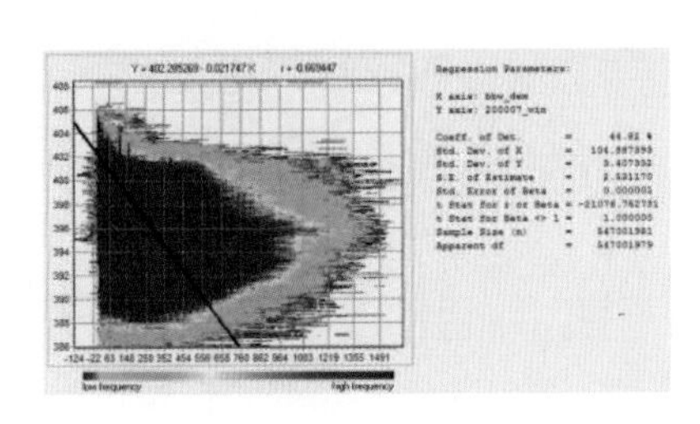

(b) 2000 年 7 月北部湾城市群高程（DEM）与二氧化碳浓度的相关性分析

附录图 12　高程与碳浓度相关性分析结果图（一）

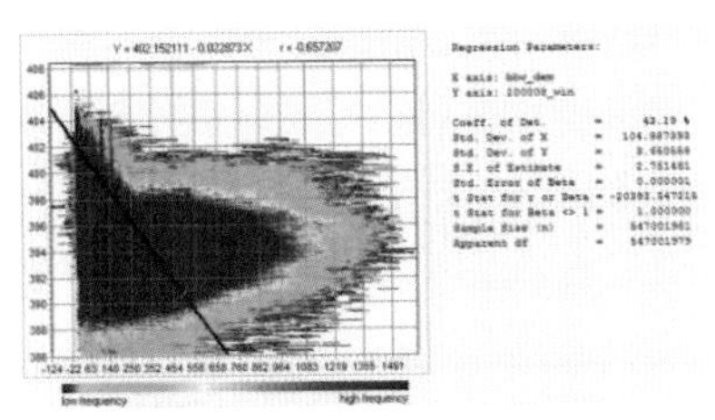

（c）2000 年 8 月北部湾城市群高程（DEM）与二氧化碳浓度的相关性分析

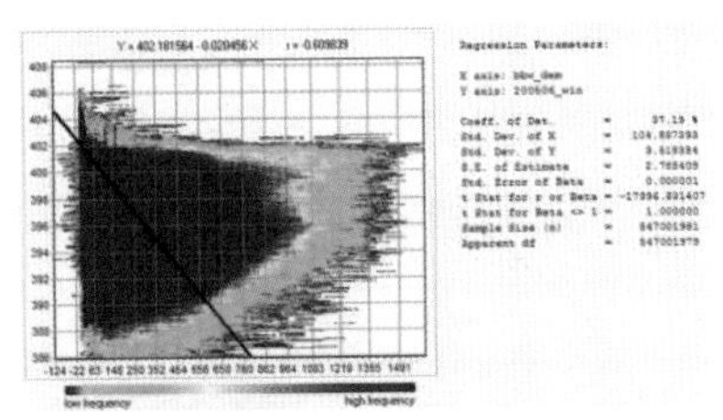

（d）2005 年 6 月北部湾城市群高程（DEM）与二氧化碳浓度的相关性分析

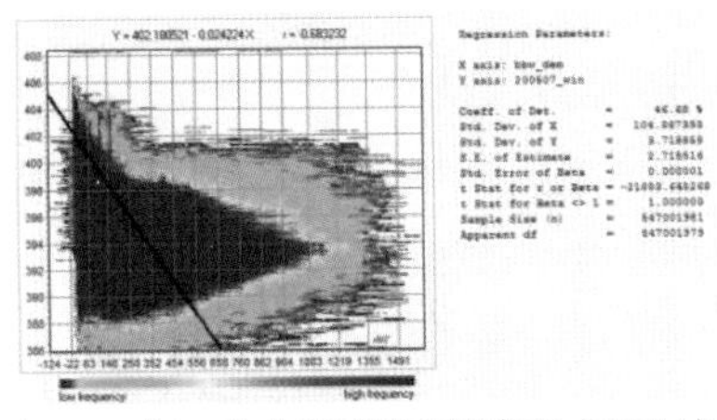

（e）2005 年 7 月北部湾城市群高程（DEM）与二氧化碳浓度的相关性分析

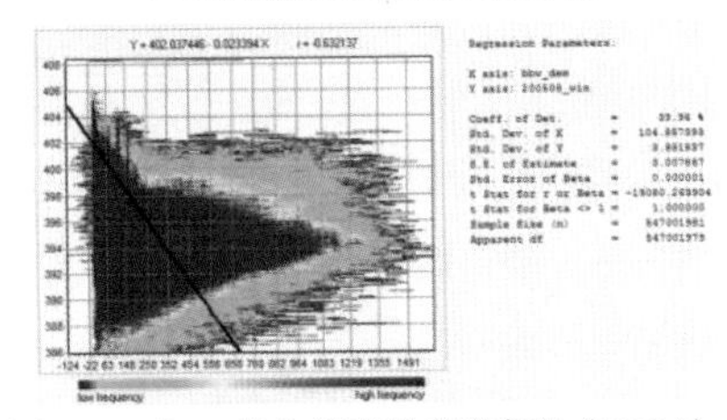

（f）2005 年 8 月北部湾城市群高程（DEM）与二氧化碳浓度的相关性分析

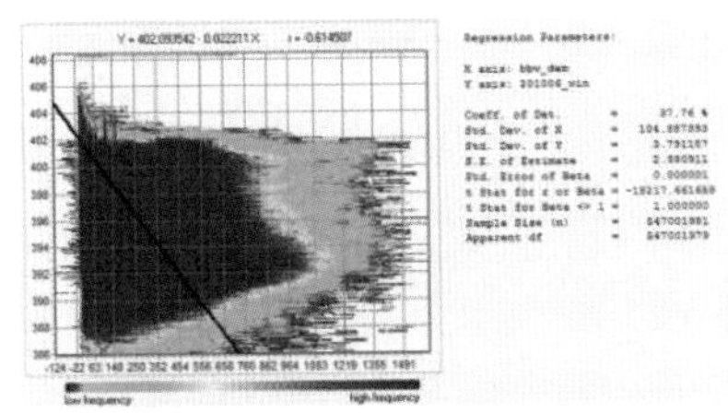

（g）2010 年 6 月北部湾城市群高程（DEM）与二氧化碳浓度的相关性分析

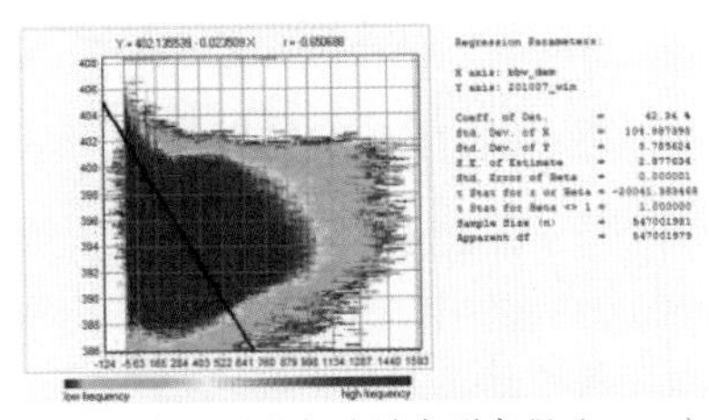

（h）2010 年 7 月北部湾城市群高程（DEM）与二氧化碳浓度的相关性分析

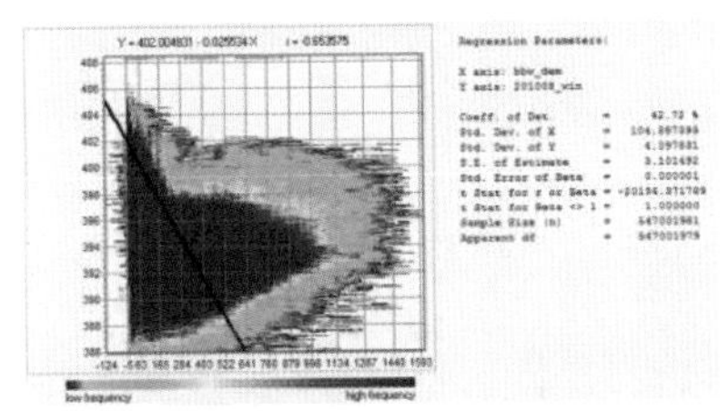

（i）2010 年 8 月北部湾城市群高程（DEM）与二氧化碳浓度的相关性分析

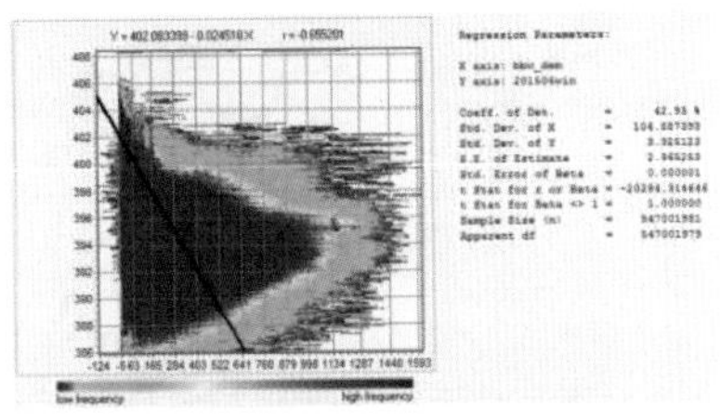

（j）2015 年 6 月北部湾城市群高程（DEM）与二氧化碳浓度的相关性分析

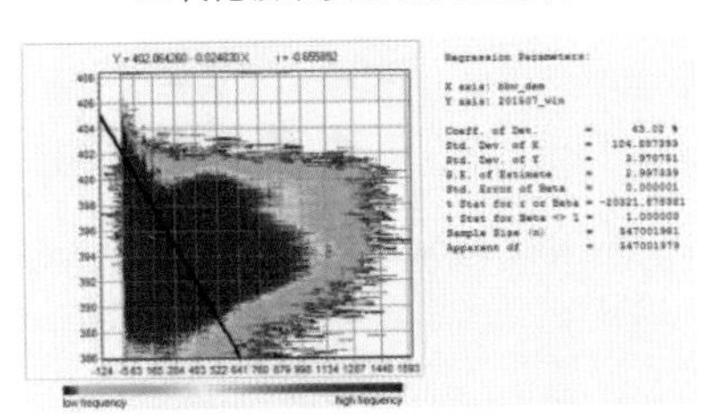

（k）2015 年 7 月北部湾城市群高程（DEM）与二氧化碳浓度的相关性分析

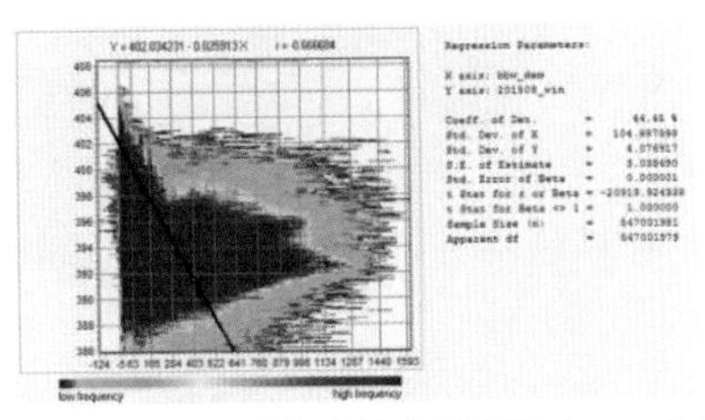

（l）2015 年 8 月北部湾城市群高程（DEM）与二氧化碳浓度的相关性分析

附录图 12 高程与碳浓度相关性分析结果图（二）

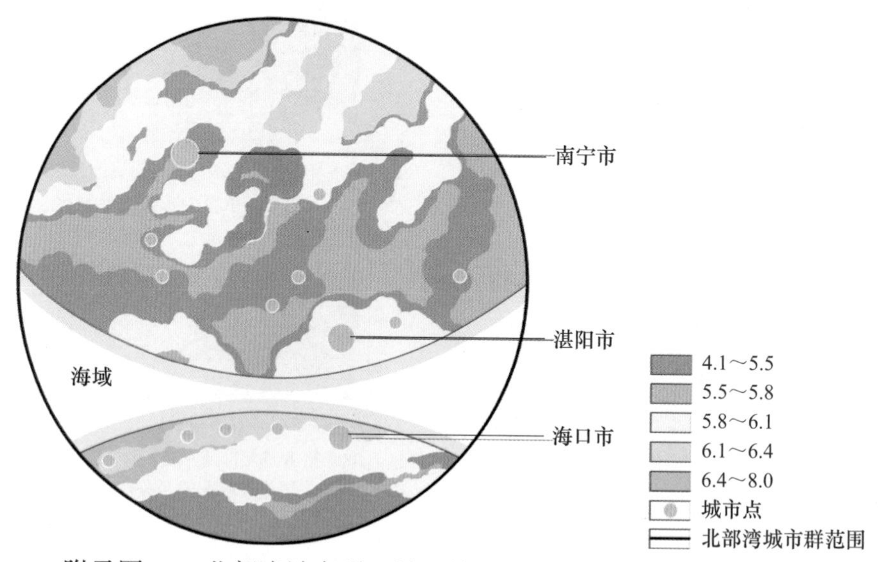

附录图 13　北部湾城市群区域土壤酸碱度（pH 值）分布情况图

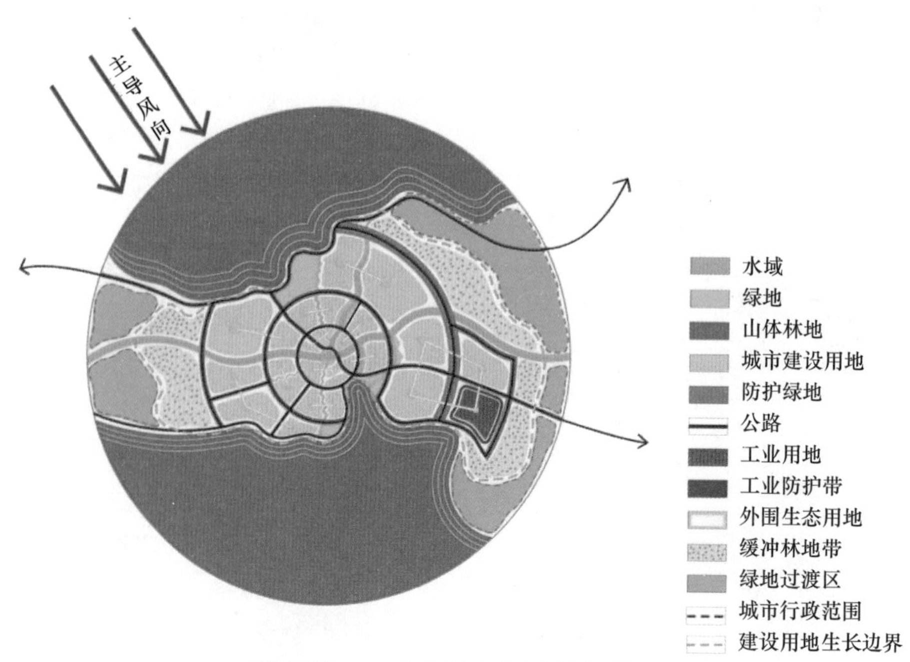

附录图 14　中心城市低碳协同模型

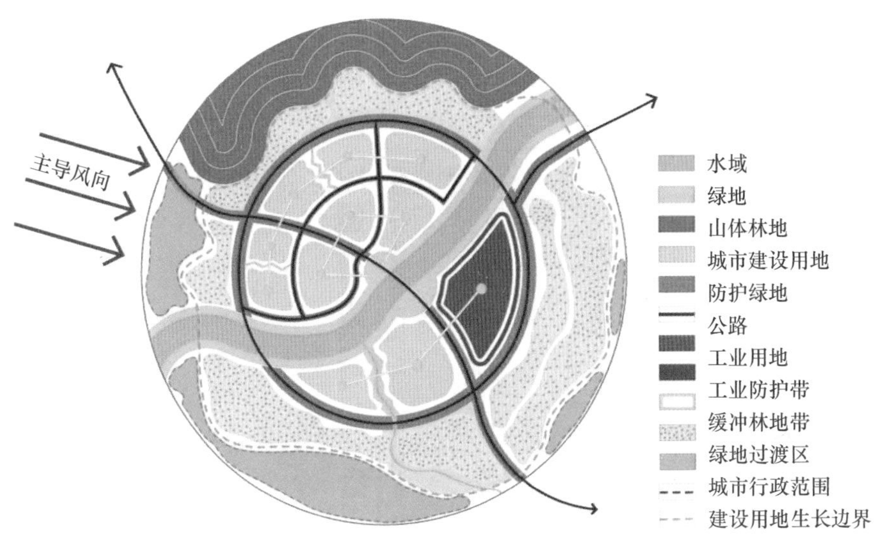

附录图 15 节点城市低碳协同模型

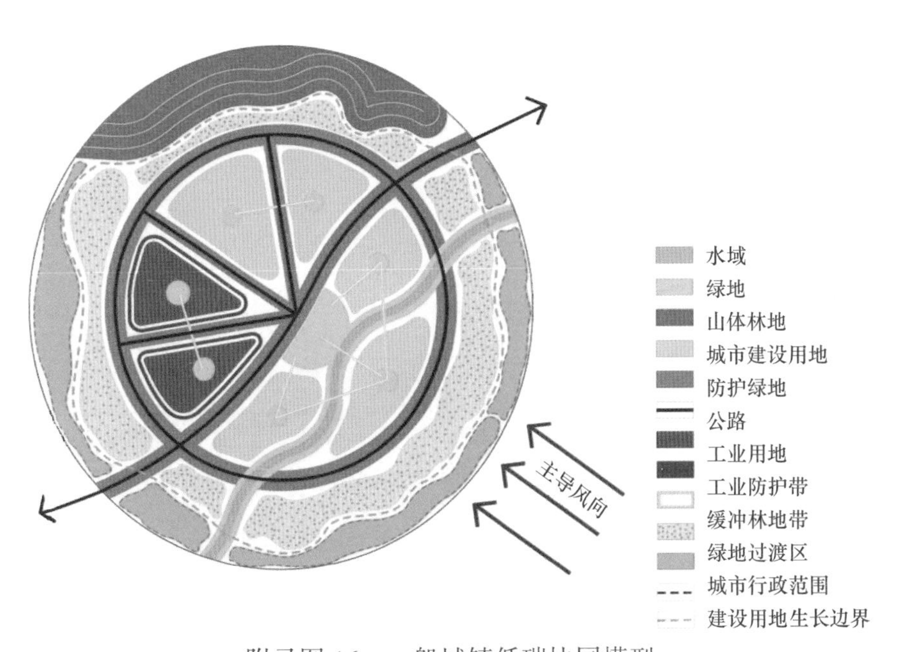

附录图 16 一般城镇低碳协同模型

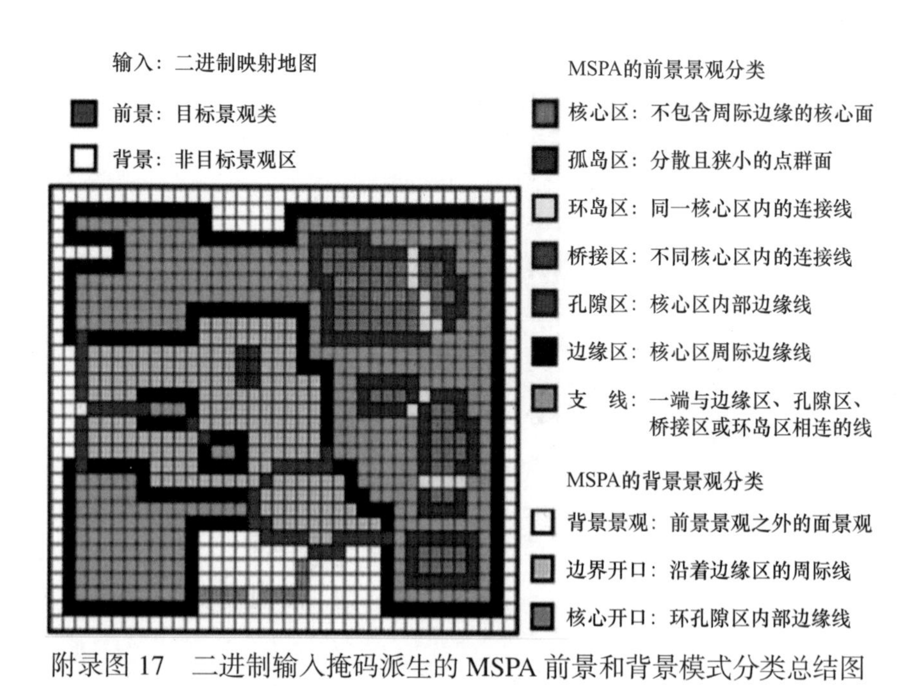

附录图 17　二进制输入掩码派生的 MSPA 前景和背景模式分类总结图

附录图 18　湾区城市群生态修复全域全要素示意图

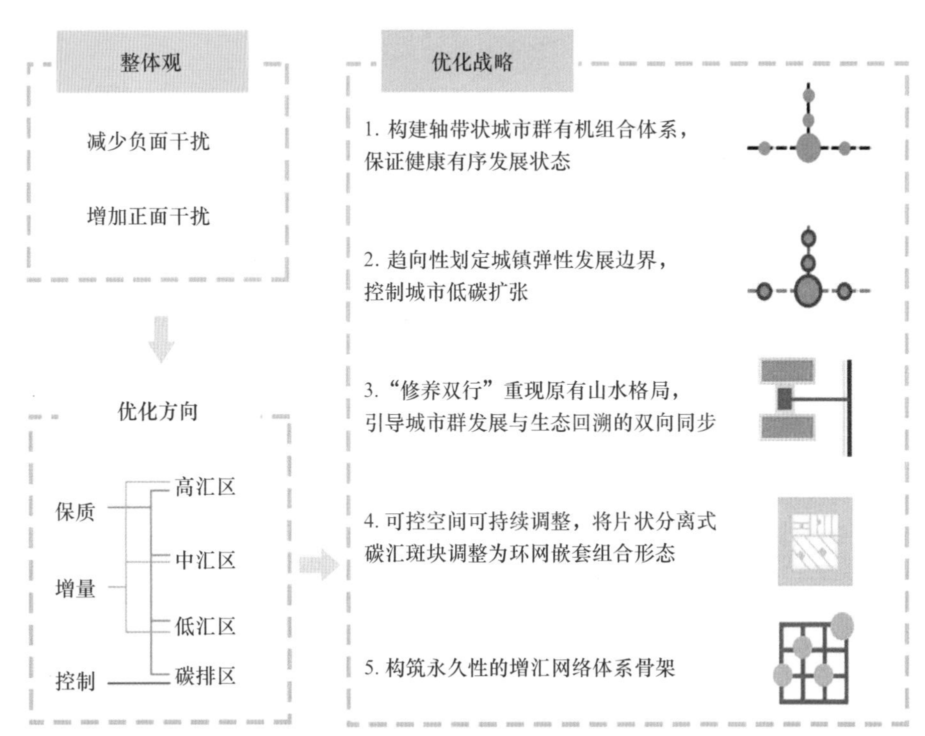

附录图 19　增汇优化战略示意图

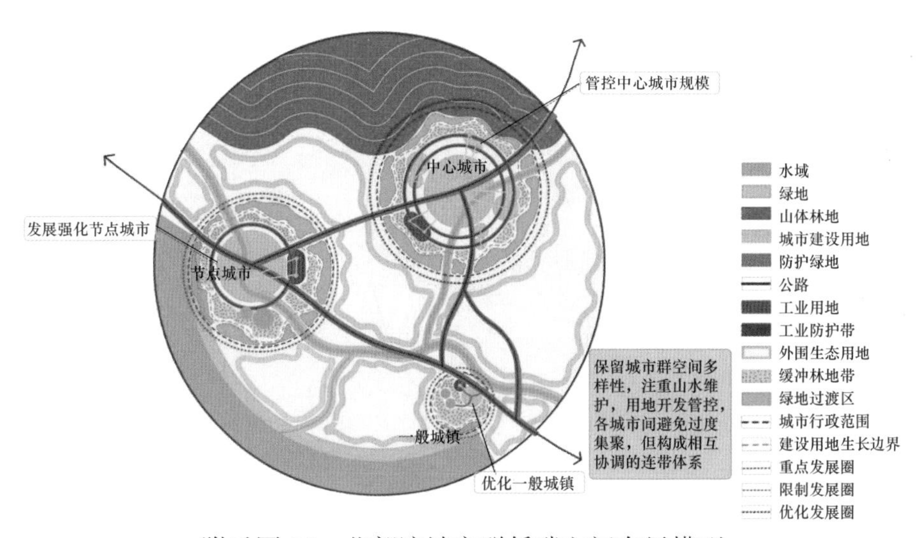

附录图 20　北部湾城市群低碳空间布局模型

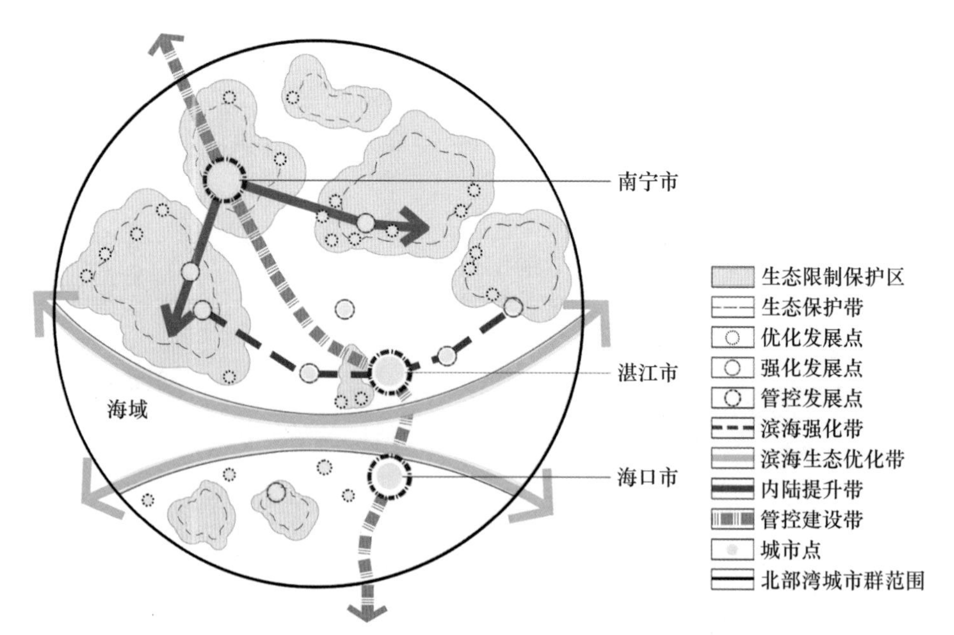

附录图 21　北部湾城市群低碳结构规划图

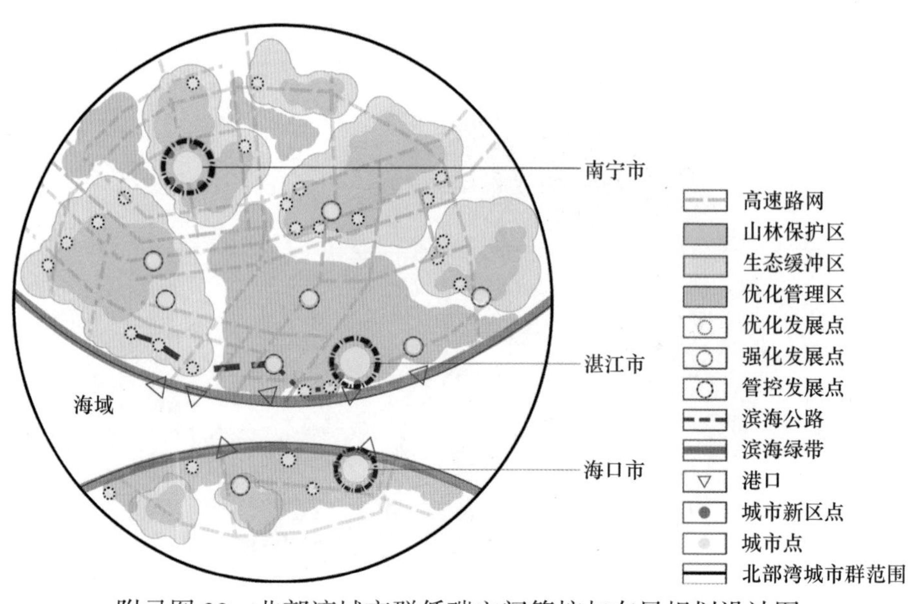

附录图 22　北部湾城市群低碳空间管控与布局规划设计图

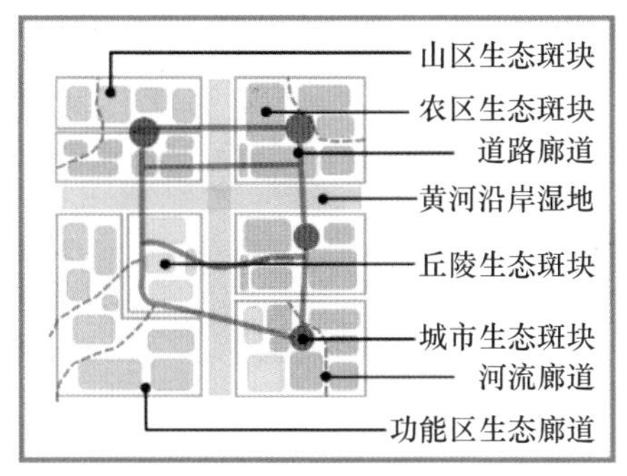

廊道组团网络化模式

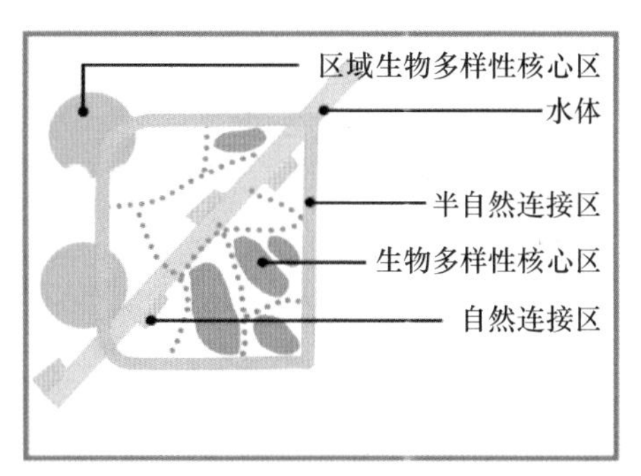

生态网络主导布局模式

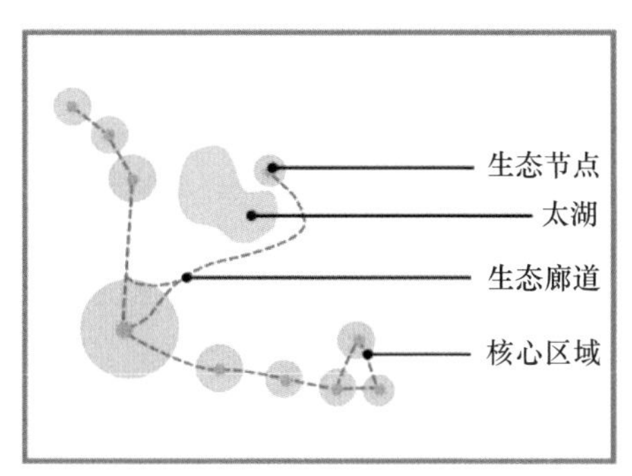

生态网络主导布局模式

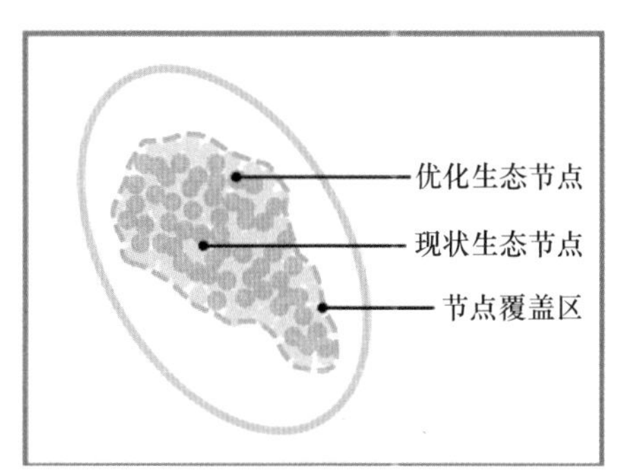

生态节点布局优化模式

附录图 23 碳汇用地布局模式示意图

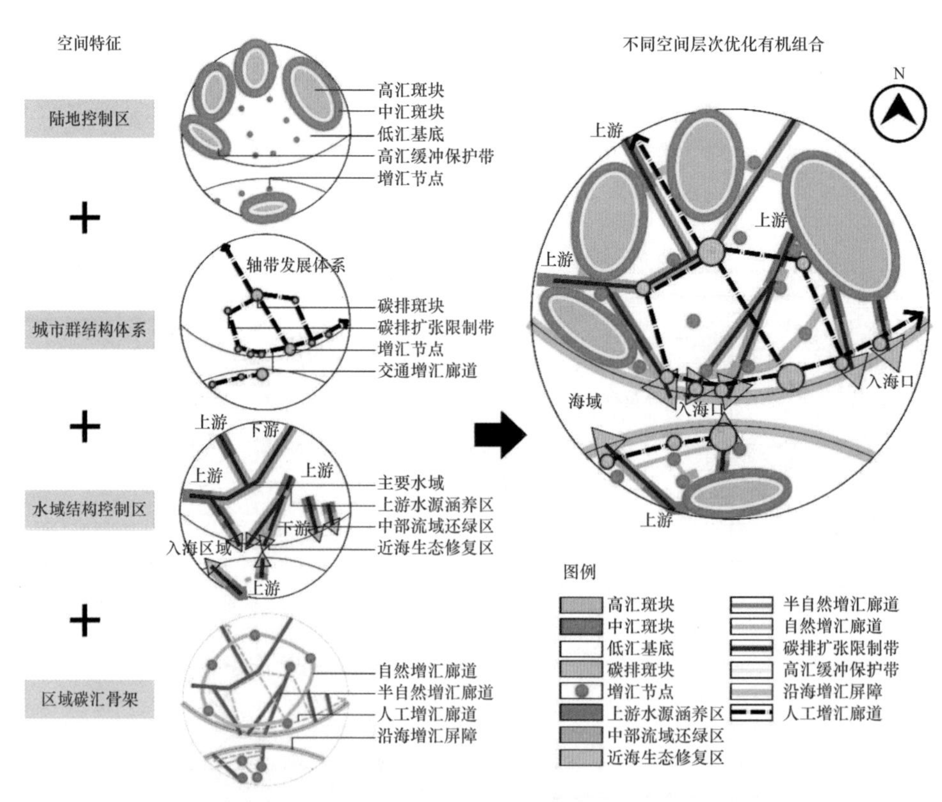

附录图 24　北部湾城市群增汇理想布局模式图

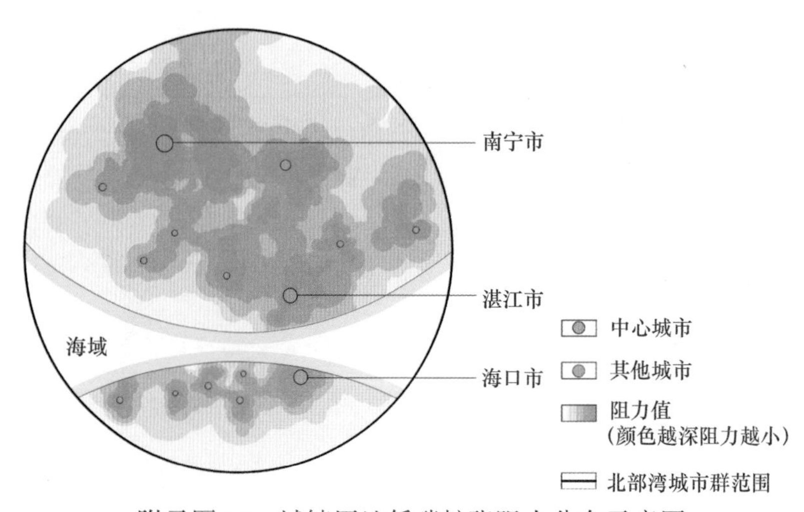

附录图 25　城镇用地低碳扩张阻力分布示意图

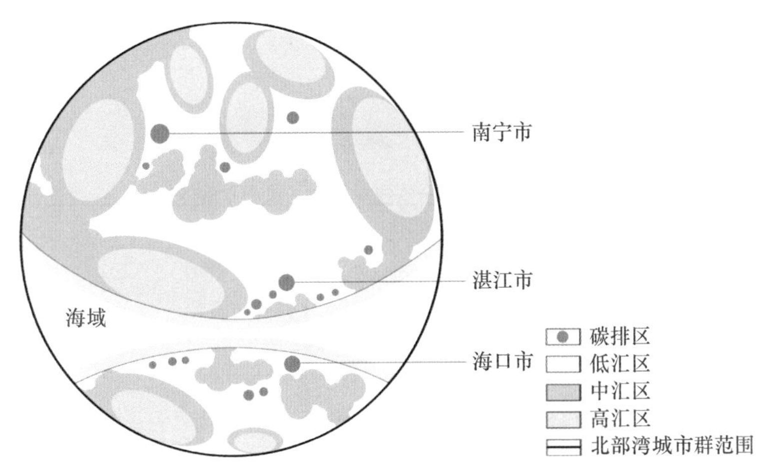

附录图 26 碳汇区生态红线分布示意图

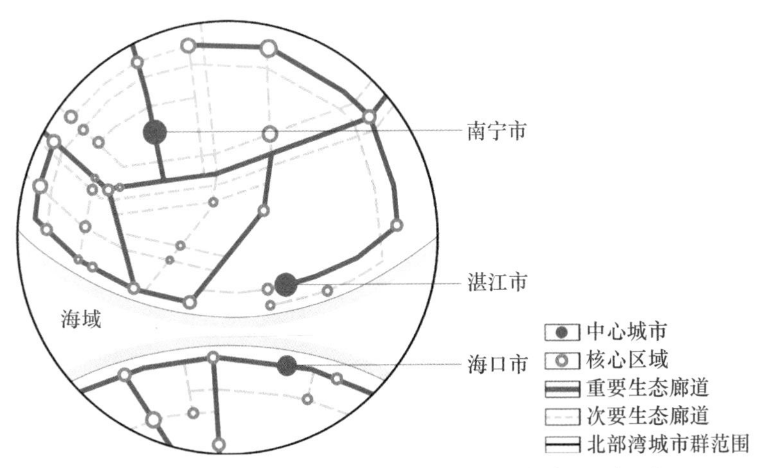

附录图 27 北部湾城市群生态网络框架示意图

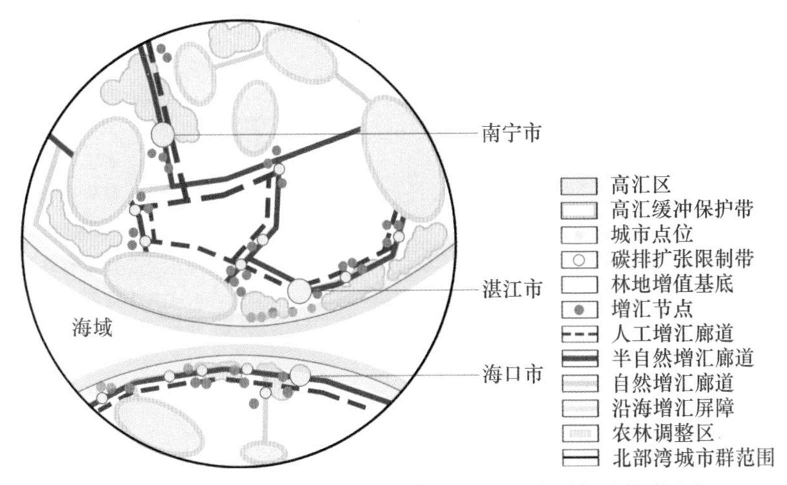

附录图 28 北部湾城市群碳汇用地空间格局优化图

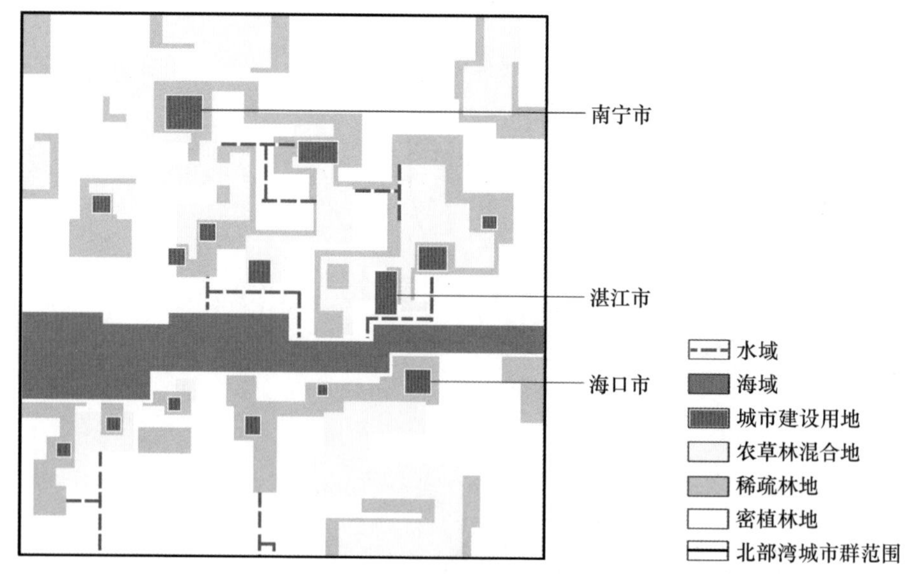

附录图 29　北部湾城市群碳汇空间优化设计方案示意图

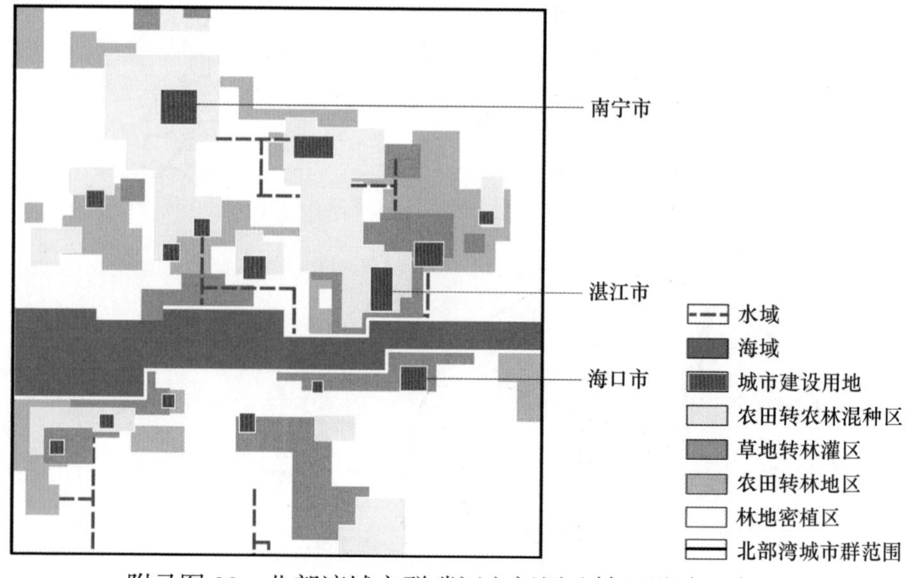

附录图 30　北部湾城市群碳汇空间用地转置设计示意图

参考文献

[1] ALAM S A, STARR M, CLARK B J F. Tree biomass and soil organic carbon densities across the Sudanese woodland savannah: A regional carbon sequestration study[J]. Journal of Arid Environments, 2013,89: 67-76.

[2] ALONGI D M. Carbon Cycling and Storage in Mangrove Forests[J]. Annual Review of Marine Science, 2014,6: 195-219.

[3] CHUAI X, HUANG X, LAI L, et al. Land use structure optimization based on carbon storage in several regional terrestrial ecosystems across China[J]. Environmental Science and Policy, 2013,25: 50-61.

[4] FU Q, XU L, ZHENG H, et al. Spatiotemporal Dynamics of Carbon Storage in Response to Urbanization: A Case Study in the Su-Xi-Chang Region, China[J]. Processes, 2019,7(11): 836-853.

[5] GUO M, WANG X, LI J, et al. Assessment of global carbon dioxide concentration using MODIS and GOSAT data.[J]. Sensors (Basel, Switzerland), 2012,12(12): 16368-16389.

[6] INGE S, KJELD R, JENS A. A simple interpretation of the surface temperature/vegetation index space for assessment of surface moisture status[J]. Remote Sensing of Environment, 2002, 79(2): 213-224.

[7] JAMES E B, WEI-JUN C, PETER A R, et al. The changing carbon cycle of the coastal ocean[J]. Nature: International weekly journal of science, 2013, 504: 61-70.

[8] MARTIN H, MARKUS R. Terrestrial ecosystem carbon dynamics and climate feedbacks[J]. Nature: International weekly journal of science, 2008, 451: 289-292.

[9] RAICH J W, NADELHOFFER K J. Belowground Carbon Allocation in Forest Ecosystems: Global Trends[J]. Ecology, 1989, 70: 1346-1354.

[10] RAQUEL R, GUY L, S M D, et al. Controlled sampling of ribosomally active protistan diversity in sediment-surface layers identifies putative players in the marine carbon sink.[J]. The ISME journal, 2020, 14:1-15.

[11] SELKOE K A, KAPPEL C V, HALPERN B S, et al. Response to Comment on "A Global Map of Human Impact on Marine Ecosystems"[J]. Science, 2008, 321: 948-952.

[12] SMITH H D, BALLINGER R C, STOJANOVIC T A. The Spatial Development Basis of

Marine Spatial Planning in the United Kingdom[J]. Journal of Environmental Policy & Planning, 2012,14(1)：29-47.

[13] 陈德宇，郑天祥，邓春英. 粤港澳共建环珠江口“湾区”经济研究[J]. 经济地理，2010，30（10）：1589-1594.

[14] 刘艳霞. 国内外湾区经济发展研究与启示[J]. 城市观察，2014（3）：155-163.

[15] 安然. 基于生态园林思想的海岸带景观设计[D]. 北京：北京林业大学，2016.

[16] 蔡文博，韩宝龙，逯非，等. 全球四大湾区生态环境综合评价研究[J]. 生态学报，2020，40（23）：8392-8402.

[17] 陈光水，杨玉盛，谢锦升，等. 中国森林的地下碳分配[J]. 生态学报，2007（12）：5148-5157.

[18] 陈剑阳，尹海伟，孔繁花，等. 环太湖复合型生态网络构建[J]. 生态学报，2015，35（09）：3113-3123.

[19] 陈靖斌. 改革不停顿，开放不止步——世界级湾区雏形显现[N]. 中国经营报，2021-06-28（C05）.

[20] 陈利军，刘高焕，励惠国. 中国植被净第一性生产力遥感动态监测[J]. 遥感学报，2002（02）：129-135.

[21] 陈林生. 海岸带区域可持续发展的国际经验及启示[J]. 云南财经大学学报，2016，32（06）：144-149.

[22] 陈文波，肖笃宁，李秀珍. 景观指数分类、应用及构建研究[J]. 应用生态学报，2002（01）：121-125.

[23] 陈小奎，莫训强，李洪远. 埃德蒙顿生态网络规划对滨海新区的借鉴与启示[J]. 中国园林，2011，27（11）：87-90.

[24] 陈宗兴. 坚持生态文明理念，推进湾区绿色发展——在湾区城市生态文明大鹏策会上的讲话[J]. 中国生态文明，2016（02）：8-9.

[25] 崔学刚，方创琳，刘海猛，等. 城镇化与生态环境耦合动态模拟理论及方法的研究进展[J]. 地理学报，2019，74（06）：1079-1096.

[26] 戴民汉，翟惟东，鲁中明，等. 中国区域碳循环研究进展与展望[J]. 地球科学进展，2004（01）：120-130.

[27] 范恒山，肖金成，方创琳，等. 城市群发展：新特点新思路新方向[J]. 区域经济评论，2017（05）：1-25.

[28] 方创琳，高倩，张小雷，等. 城市群扩展的时空演化特征及对生态环境的影响——以天山北坡城市群为例[J]. 中国科学：地球科学，2019，49（09）：1413-1424.

[29] 方创琳，任宇飞. 京津冀城市群地区城镇化与生态环境近远程耦合能值代谢效率及环境压力分析[J]. 中国科学：地球科学，2017，47（07）：833-846.

[30] 方创琳. 改革开放40年来中国城镇化与城市群取得的重要进展与展望 [J]. 经济地理, 2018, 38 (09): 1-9.

[31] 冯源, 朱建华, 刘华妍, 等. 基于土地利用变化的县域碳收支空间格局预测 [J]. 江西农业大学学报, 2020, 42 (04): 852-862.

[32] 何珍, 吴志强, 王紫琪, 等. 碳达峰路径与智力城镇化 [J]. 城市规划学刊, 2021 (06): 37-44.

[33] 谷树忠. GDP和GEP双核算: 深圳盐田的探索 [N]. 中国经济时报, 2015-06-26.

[34] 顾朝林, 郭婧, 运迎霞, 等. 京津冀城镇空间布局研究 [J]. 城市与区域规划研究, 2015, 7 (01): 88-131.

[35] 黄娜, 石铁矛, 石羽, 等. 绿色基础设施的生态及社会功能研究进展 [J]. 生态学报, 2021, 41 (20): 7946-7954.

[36] 黄强, 卓成刚, 张浩. 土壤碳汇补偿困境及对策研究 [J]. 生态经济, 2013 (08): 51-55.

[37] 黄贤金, 张安录, 赵荣钦, 等. 碳达峰、碳中和与国土空间规划实现机制 [J]. 现代城市研究, 2022 (01): 1-5.

[38] 姜虹, 张子墨, 徐子涵, 等. 整合多重生态保护目标的广东省生态安全格局构建 [J]. 生态学报, 2022, 42 (05): 1981-1992.

[39] 解宪丽, 孙波, 周慧珍, 等. 中国土壤有机碳密度和储量的估算与空间分布分析 [J]. 土壤学报, 2004 (01): 35-43.

[40] 柯新利, 唐兰萍. 城市扩张与耕地保护耦合对陆地生态系统碳储量的影响——以湖北省为例 [J]. 生态学报, 2019, 39 (02): 672-683.

[41] 寇江泽. 生态环境部: 建设1467个美丽海湾 [N]. 人民日报, 2020-07-31 (004).

[42] 李秉仁. 我国城市发展方针政策对城市化的影响和作用 [J]. 城市发展研究, 2008 (02): 26-32.

[43] 李金华. 中国十大城市群的现实格局与未来发展路径 [J]. 中南财经政法大学学报, 2020 (06): 47-56.

[44] 李克让, 王绍强, 曹明奎. 中国植被和土壤碳贮量 [J]. 中国科学 (D辑: 地球科学), 2003 (01): 72-80.

[45] 李楠, 王周谊, 杨阳. 创新驱动发展战略背景下全球四大湾区发展模式的比较研究 [J]. 智库理论与实践, 2019, 4 (03): 80-93.

[46] 李平星. 泛长三角地区碳生态效率的空间格局及影响因素 [J]. 生态学报, 2018, 38 (23): 8500-8511.

[47] 李秀娟, 周涛, 何学兆. NPP增长驱动下的中国森林生态系统碳汇 [J]. 自然资源学报, 2009, 24 (03): 491-497.

[48] 李彦旻，沈育生，王世航．基于土地利用变化的安徽省陆地碳排放时空特征及效应［J］．水土保持学报，2022，36（01）：182-188.

[49] 刘娣．碳中立视野下区域净碳排放测算与补偿机制研究［D］．湘潭：湖南科技大学，2017.

[50] 刘纪化，郑强．从海洋碳汇前沿理论到海洋负排放中国方案［J］．中国科学：地球科学，2021，51（04）：644-652.

[51] 刘曙光，尚英仕．中国东部沿海城市群绿色发展效率评价及障碍因子分析［J］．城市问题，2020（01）：73-80.

[52] 刘小平，黎夏，陈逸敏，等．景观扩张指数及其在城市扩展分析中的应用［J］．地理学报，2009，64（12）：1430-1438.

[53] 刘晓娟，黎夏，梁迅，等．基于FLUS-InVEST模型的中国未来土地利用变化及其对碳储量影响的模拟［J］．热带地理，2019，39（03）：397-409.

[54] 鲁志国，潘凤，闫振坤．全球湾区经济比较与综合评价研究［J］．科技进步与对策，2015，32（11）：112-116.

[55] 陆大道．京津冀城市群功能定位及协同发展［J］．地理科学进展，2015，34（03）：265-270.

[56] 吕波，王辉，周仲鸿，等．东北地区市域旅游客流时空差异及影响因素［J］．旅游研究，2022，14（01）：14-26.

[57] 马才学，杨蓉萱，柯新利，等．基于生态压力视角的长三角地区生态安全格局构建与优化［J］．长江流域资源与环境，2022，31（01）：135-147.

[58] 马晓哲，王铮．土地利用变化对区域碳源汇的影响研究进展［J］．生态学报，2015，35（17）：5898-5907.

[59] 裴志永，周才平，欧阳华，等．青藏高原高寒草原区域碳估测［J］．地理研究，2010，29（01）：102-110.

[60] 冉慧，邢立新，潘军，等．遥感技术与陆地生态系统碳循环研究［J］．环境科学与管理，2010，35（03）：117-121.

[61] 任梅，王小敏，刘雷，等．中国沿海城市群环境规制效率时空变化及影响因素分析［J］．地理科学，2019，39（07）：1119-1128.

[62] 石敏俊，陈岭楠．GEP核算：理论内涵与现实挑战［J］．中国环境管理，2022，14（02）：5-10.

[63] 宋长青，葛岳静，刘云刚，等．从地缘关系视角解析“一带一路”的行动路径［J］．地理研究，2018，37（01）：3-19.

[64] 孙枫，章锦河，王培家，等．城市生态安全格局构建与评价研究：以苏州市区为例［J］．地理研究，2021，40（09）：2476-2493.

[65] 孙军，高彦彦. “一带一路”倡议下中国城市群体系构建与价值链重塑［J］. 江苏大学学报（社会科学版），2020，22（01）：105-114.

[66] 谭锐. 湾区城市群产业分工：一个比较研究［J］. 中国软科学，2020（11）：87-99.

[67] 汤洁，姜毅，李昭阳，等. 基于CASA模型的吉林西部植被净初级生产力及植被碳汇量估测［J］. 干旱区资源与环境，2013，27（04）：1-7.

[68] 陶培峰，李萍，丁忆，等. 基于生态重要性评价与最小累积阻力模型的重庆市生态安全格局构建［J］. 测绘通报，2022（01）：15-20.

[69] 田丰，包存宽. 充分利用规划力量推动碳达峰碳中和目标［N］. 中国环境报，2021-01-14.

[70] 汪洋，景亚萱. 粤港澳大湾区城市群产城融合测度及其协同策略研究［J］. 工程管理学报，2019，33（03）：47-52.

[71] 王博远，岑应健，肖革新，等. 基于Getis-Ord Gi* 方法的中山市粮食及其制品食品安全空间分析［J］. 食品安全质量检测学报，2019，10（08）：2425-2428.

[72] 王晓，于兵，李继红. 土地利用和土地覆被变化对土壤有机碳密度及碳储量变化的影响——以黑龙江省大庆市为例［J］. 东北林业大学学报，2021，49（11）：76-83.

[73] 文超祥，刘健枭. 基于陆海统筹的海岸带空间规划研究综述与展望［J］. 规划师，2019，35（07）：5-11.

[74] 吴建平，刘占锋. 环境因子对森林净生态系统生产力的影响［J］. 植物科学学报，2014，32（01）：97-105.

[75] 吴隽宇，张一蕾，江伟康. 粤港澳大湾区生态系统碳储量时空演变［J］. 风景园林，2020，27（10）：57-63.

[76] 武文霞. 粤港澳大湾区城市群协同发展路径探讨［J］. 江淮论坛，2019（04）：29-34.

[77] 奚小环，李敏，张秀芝，等. 中国中东部平原及周边地区土壤有机碳分布与变化趋势研究［J］. 地学前缘，2013，20（01）：154-165.

[78] 肖希. 澳门半岛高密度城区绿地系统评价指标与规划布局研究［D］. 重庆：重庆大学，2017.

[79] 熊国平，沈天意. 陆海统筹国土空间规划研究进展［J］. 城乡规划，2021（04）：21-25.

[80] 薛杨，吴至平，杨众养，等. 海口市不同林龄木麻黄林分碳储量分配格局［J］. 热带林业，2018，46（02）：59-61.

[81] 严国安，刘永定. 水生生态系统的碳循环及对大气CO_2的汇［J］. 生态学报，2001（05）：827-833.

[82] 杨辉. 关于国土空间生态修复工作的几点思考［J］. 国土资源，2019（08）：36-37.

[83] 杨静，赵俊杰. 四大湾区科技创新发展情况比较及其对粤港澳大湾区建设的启示［J］.

科技管理研究，2021，41（10）：60-69.

[84] 杨俊宴. 城市中心区规划设计理论与方法 [M]. 南京：东南大学出版社，2013：755.

[85] 杨彦，吕绍刚. 能否为 GDP 勒上生态指数缰绳 [N]. 人民日报，2015-05-15.

[86] 姚士谋，周春山，王德，等. 中国城市群新论 [M]. 北京：科学出版社，2018.

[87] 于贵瑞，王秋凤，刘迎春，等. 区域尺度陆地生态系统固碳速率和增汇潜力概念框架及其定量认证科学基础 [J]. 地理科学进展，2011，30（07）：771-787.

[88] 于贵瑞，张雷明，孙晓敏. 中国陆地生态系统通量观测研究网络（ChinaFLUX）的主要进展及发展展望 [J]. 地理科学进展，2014，33（07）：903-917.

[89] 余俏. 山地城市河岸绿色空间规划研究 [D]. 重庆：重庆大学，2019.

[90] 粤港澳大湾区能赶美超日成为全球第一吗？四大湾区有何不同? [J]. 中国产经，2018（06）：46-49.

[91] 张公俊，杨长平，孙典荣，等. 北部湾中北部海域鱼类群落的季节变化特征 [J]. 南方农业学报，2021，52（10）：2861-2871.

[92] 张继平，刘春兰，郝海广，等. 基于 MODIS GPP/NPP 数据的三江源地区草地生态系统碳储量及碳汇量时空变化研究 [J]. 生态环境学报，2015，24（01）：8-13.

[93] 张景廉，杜乐天，范天来，等. 谁是“全球变暖”的主因——碳的自然排放源与地球化学循环及气候变化主因研究评述 [J]. 中国科学院院刊，2012，27（02）：226-233.

[94] 张晓琳，金晓斌，赵庆利，等. 基于多目标遗传算法的层级生态节点识别与优化——以常州市金坛区为例 [J]. 自然资源学报，2020，35（01）：174-189.

[95] 张瑶，赵美训，崔球，等. 近海生态系统碳汇过程、调控机制及增汇模式 [J]. 中国科学：地球科学，2017，47（04）：438-449.

[96] 郑雪蕾. 海洋生态修复技术指南发布试行 [N]. 中国自然资源报，2021-07-16.

[97] 钟亮，林媚珍，周汝波. 基于 InVEST 模型的佛山市生态系统服务空间格局分析 [J]. 生态科学，2020，39（05）：16-25.

[98] 周黎，冯伟，易军，等. 江汉平原典型农业灌排单元土壤有机碳密度分布特征 [J]. 水土保持学报，2021，35（06）：213-221.

[99] 朱学群，刘音，顾凯平. 陆地生态系统碳循环研究回顾与展望 [J]. 安徽农业科学，2008（24）：10640-10642.

[100] 牙婧，覃盟琳，赵静，等. 城市边缘区碳源碳汇用地空间扩张驱动力机制研究——以上海市为例：2016 中国城市规划年会 [C]. 中国辽宁沈阳，2016.

[101] 杨静，姚焕玫，覃盟琳. 基于改进的 CASA 模型的南宁市区 NPP 及其时空分析 [J]. 科技通报，2016，32（01）：49-53.

[102] 袁倩文，宋文博，覃盟琳. 1995—2015 年北部湾城市群碳汇用地格局演变研究：2018 中国城市规划年会 [C]. 中国浙江杭州，2018.

[103] 宋苑震，覃盟琳，袁倩文，等. 碳平衡导向下北部湾城市群碳汇用地布局优化研究[J]. 广西大学学报(自然科学版)，2020，45(05)：1071-1082.

[104] 宁琦，朱梓铭，覃盟琳，等. 基于MSPA和电路理论的南宁市国土空间生态网络优化研究[J]. 广西大学学报(自然科学版)，2021，46(02)：306-318.

[105] 赵静. 城市边缘区生产用地空间演变与低碳优化布局研究[D]. 南宁：广西大学，2016.

[106] 黎航. 中心城区建设用地低碳空间布局优化研究[D]. 南宁：广西大学，2017.

[107] 袁倩文. 增汇目标下北部湾城市群碳汇用地格局优化研究[D]. 南宁：广西大学，2018.

[108] 朱珊. 北部湾城市群建设用地空间低碳优化规划研究[D]. 南宁：广西大学，2018.

[109] 黄中胜. 北部湾城市群建设用地空间扩张规律及动力因素研究[D]. 南宁：广西大学，2018.

[110] 黎小元. 北部湾城市群碳浓度分布与土地利用的相关性研究[D]. 南宁：广西大学，2020.

[111] 宋文博. 北部湾城市群热岛与土地空间因子的相关性研究[D]. 南宁：广西大学，2020.

[112] 黄巧. 国土空间生态修复分区方法研究[D]. 南宁：广西大学，2020.

[113] 宋苑震. 北部湾城市群空间结构时空演变特征与形成机理研究[D]. 南宁：广西大学，2021.

[114] 覃盟琳，赵静，黎航，等. 城市边缘区碳源碳汇用地空间扩张模式研究[J]. 广西大学学报(自然科学版)，2014，39(04)：941-947.

[115] 覃盟琳，袁倩文，赵静. 城市边缘区碳排碳汇用地扩张模式比较研究[J]. 广西大学学报(自然科学版)，2018，43(03)：1183-1191.

[116] 覃盟琳，黎小元，袁倩文，等. 北部湾城市群(广西)低碳空间结构评价与优化策略[J]. 规划师，2019，35(13)：82-86.

[117] 覃盟琳，宋文博，宋苑震，等. 北部湾城市群热岛空间特征及演变趋势研究[J]. 安全与环境学报，2020，20(04)：1557-1566.

[118] 覃盟琳，朱梓铭，胡城旗，等. 市县国土空间生态修复分区方法与修复策略研究——以崇左市天等县为例[J]. 广西大学学报(自然科学版)，2020，45(04)：802-815.

[119] 覃盟琳，欧阳慧婷，刘雨婷，等."双碳"目标下我国湾区城市群空间规划应对策略[J]. 规划师，2022，38(01)：17-23.

致　谢

本书既是不忘初心、热爱家园的坚持，也是时代来潮、勇于探索的激励。

以低碳规划设计为主题，2012 年，我们团队首次成功申报国家自然科学基金项目《城市外围用地空间结构低碳化规划研究》（编号：51208119）；2017 年，成功申报国家自然科学基金项目《北部湾城市群协同发展低碳效应与规划研究》（编号：51768001）；今年再次成功申报国家自然科学基金项目《基于碳通量反演模型识别的北部湾城市群碳储空间及其规划设计研究》（编号：52268008）。加上前期研究，到今年已有近十五年的不懈坚持，这是对初心的坚守，也是对家园与生活的热爱。在此更要感谢国家自然科学基金委长期以来的厚爱与支持！

2022 年是我国具有重要历史意义的一年，是党的二十大召开之年，全国各族人民将在党的带领下，向着全面建成社会主义现代化强国、实现第二个百年奋斗目标而共同努力。在这个具有重要意义的历史阶段，作为“双碳”目标成为国家重要发展战略，低碳发展实现从理论研究向工程实践全面转变，低碳规划设计技术创新成为时代热点的见证者，我们能做些什么？这是我们这一年来一直在思考的问题。希望本书的出版是一个开头，我们将不断创新，不负昭华，继续前行！

本书内容是团队十几年以来研究成果的结晶，整合凝练提升了赵胤程、袁倩文、朱珊、黎小元、宋文博、黄中胜、宋苑震、王小萍、史倩倩等的研究成果，同时在文字排版与图片处理方面得到欧阳慧婷、刘雨婷、庞雅月、胡城旗的大力协助，各位均不同程度对本书作出了重要贡献。

该书引用了包含但不限于吴志强院士、方精云院士、于贵瑞院士、方创琳教授和顾朝林教授等前辈学者的研究结论、前沿理念和相关技术，更好地保证了书稿内容的科学性与严谨性，在此对他们表示衷心感谢并致以最崇高的敬意！同时本书还参考了大量的文献资料，由于研究周期长与工作不周密，未能全部标明作者与出处，希望得到他们的谅解与批评指正，并表达我们最诚挚的感谢！

最后，该书出版过程中，得到了中国建筑工业出版社领导与编辑人员精心的指导与大力的支持，在此一并表示衷心的感谢！